青海省太阳能风能监测评估服务技术

李 林 汪青春 时兴合 等 编著

气象出版社
China Meteorological Press

内容简介

青海省地域辽阔，太阳能和风能资源丰富，开发前景广阔。本书是2010年青海省应用基础研究计划项目"青海省太阳能风能监测评估服务技术研究"的重要成果汇编。书中较为详细地介绍了青海省太阳能和风能资源监测站网、资源信息管理数据库、资源评估服务系统建设情况，着重介绍了青海省太阳能和风能资源主要参数的时空分布特征、太阳能资源的遥感监测、风能资源的数值模拟结果，并且对青海省太阳能、风能资源进行了区划和分区评述，提出了合理开发利用的对策建议，其成果可为青海省大中型太阳能、风能电场选址和工程设计等提供依据。

图书在版编目(CIP)数据

青海省太阳能风能监测评估服务技术/李林等编著.
—北京:气象出版社,2013.2
ISBN 978-7-5029-5671-4

Ⅰ.①青…　Ⅱ.①李…　Ⅲ.①太阳能-监测-评估-青海省
②风力能源-监测-评估-青海省　Ⅳ.①TK511　②TK81

中国版本图书馆CIP数据核字(2013)第027403号
审图号:青海省基础地理信息中心　青S(2005)004号

出版发行:气象出版社

地　　址:北京市海淀区中关村南大街46号	邮政编码:100081
总 编 室:010-68407112	发 行 部:010-68406961
网　　址:http://www.cmp.cma.gov.cn	E-mail:qxcbs@cma.gov.cn
责任编辑:张　斌	终　审:周诗健
封面设计:博雅思企划	责任技编:吴庭芳
责任校对:石　仁	
印　　刷:北京京华虎彩印刷有限公司	
开　　本:787 mm×1092 mm　1/16	印　张:8.75
字　　数:221千字	
版　　次:2013年2月第1版	印　次:2013年2月第1次印刷
定　　价:30.00元	

编写委员会

主　编:李　林
副主编:汪青春　时兴合
成　员:王振宇　周秉荣　王志俊　校瑞香
　　　　肖建设　马占良　刘彩红　李应业
　　　　朱西德　朱尽文

前　言

　　面对传统燃料能源日益减少,使用传统燃料能源对环境造成的危害日益突出的现实,全世界都把目光投向了可再生能源,希望可再生能源能够改变人类的能源结构,维持长远的可持续发展。我国政府在《中国 21 世纪议程》中就指出:"把开发可再生能源放到国家能源发展战略的优先地位",并"要加强太阳能直接和间接利用技术的开发"。在该文件的基础上,国家相继出台了《新能源和可再生能源发展纲要(1996—2010)》、《可再生能源中长期规划》和《可再生能源十一五规划》等重要规划。《循环经济法》和《可再生能源法》为太阳能、风能开发利用提供了法律平台。如何解决上网电价、进口设备关税和对企业的金融支持等问题已提上日程。国务院和青海省人民政府相继出台了《中国应对气候变化国家方案》和《青海省应对气候变化地方方案》,为太阳能、风能的开发利用提供了强有力的政策支持。同时,青海省新农村、新牧区建设也提出了开发利用太阳能、风能资源的政策措施。随着社会各界对太阳能、风能利用的认识逐步提高,我国及青海省太阳能和风能利用正在迎来发展"黄金时代"。在太阳能利用及其产业化上(包括太阳能热水器和太阳灶)也取得重大进展。到目前为止,我国在开发水电上成绩斐然,然而近年风能开发工作进展快速,几乎每个省都开展了风能资源普查,风能发电站如雨后春笋。太阳能和风能开发以年均 35% 左右的速度增长。

　　目前青海省太阳能、风能观测站十分稀疏,仅有西宁、格尔木、刚察、玛沁和玉树 5 个太阳辐射观测点,风能观测站虽然相对较多,但观测密度和高度仍满足不了能源开发利用的要求,太阳能、风能观测资料缺乏代表性,难以反映青海省太阳能、风能资源的实际情况。中国气象科学研究院根据有限的全国太阳辐射观测的资料对全国进行 5 级划分,青海省太阳能资源属于丰富区,部分区域属于特丰富。青海省年日照时数 2328~3575 h,日照时数百分率达 55%~70%,年太阳总辐射量 6000 MJ/m² 以上,80% 以上区域属太阳能资源一类区,其余属二类区,太阳能资源仅次于西藏。据青海省境内 56 个气象站 1971—2000 年 30 年资料分析、现场实地考察和加密观测,青海省内绝大部分区域属于风能可利用区,年平均风功率密度多在 80~150 W/m²,全年风能可用时间达 3500~5000 h,3~25 m/s 风速频率为 50%~70%,全省风能总储量为 4.0202 亿 kW,风能资源潜在技术可开发量约为 0.121 亿 kW。

　　现代科学技术不但能对太阳能与风能形成机制、转化原理和过程给出理论解释,而且可以对它们的数量、时空分布规律、开发利用条件和潜力、合理的利用方式和手段、最终的产品和效益进行科学的评价和定量的分析,还可以进行太阳能、风能建设项目的规划、设计和新技术的研究与开发。当前亟需要做的是尽快探明青海省太阳能、风能资源的家底,从而抓住可再生能源的发展机遇(技术、资金、政策),合理地和最大程度地利用青海省丰富的太阳能、风能资源。为此,应及早、尽快启动青海省的"清洁能源工程"第一步——太阳能、风能精细化评估工作。这项工作主要包括:以全省太阳能、风能观测网为基础,通过对太阳辐射、风能的加密观测,结合 GIS、卫星等资料,建立青海省太阳能、风能信息数据库和共享平台;应用先进技术建立太阳能、风能资料处理分析系统,计算出青海省太阳能、风能参数和储存量,进行青海省太阳能、风能资源区划,确定太阳能、风能资源最丰富区和独特区等。这项工作为青海省政府制定合理的太阳能、风能开发利用政策和规划,为各行各业(包括能源、农业、建筑和工业等部门)合理利用太阳能、风能以及企业投资决策提供科学依据。

青海省太阳能、风能的开发具有潜在的资源优势,但目前存在的主要问题是家底不明。开展太阳能、风能资源的精细化评估,能为建立太阳能、风能电站的示范基地和规模化开发提供翔实可靠的基础数据,同时也为改善能源结构、保护生态环境和促进地方社会可持续发展起到积极的推动作用。因此,当前非常有必要进行太阳能、风能资源监测和评估,为大规模开发利用太阳能、风能资源提供科学依据。

基于此,青海省气候中心协同青海省气象科学研究所,依托青海省应用基础研究项目《青海省太阳能风能监测评估服务技术研究》,在利用青海省气象局现有气象台站和野外观测站太阳辐射、风速观测资料的基础上,建设太阳能、风能综合观测系统,建立太阳能、风能资源评估信息数据库,修正并建立太阳能、风能资源评估模型,结合卫星遥感监测和数值模拟方法,精细化评估青海省太阳能、风能资源,对青海省太阳能、风能资源进行合理区划,提出青海省太阳能、风能资源开发利用的对策,并且建立太阳能、风能评估系统,为大中型太阳能和风能电场选址、建场、发电等提供决策依据和咨询服务。

本书就是这一研究工作成果的集成。由李林、汪青春、时兴合、王振宇、周秉荣、王志俊、校瑞香、肖建设、马占良、刘彩红、李应业、朱西德和朱尽文编写完成。其中,李林为主编,负责本书编写大纲的制定、把握编写技术方向、统稿及审定工作;汪青春为副主编,具体负责本书编写的组织协调并编写太阳能、风能监测网建设和太阳能资源评估等内容;时兴合作为副主编负责风能资源的评估和风能评估系统开发部分的编写工作;周秉荣、校瑞香和肖建设负责太阳能遥感监测、数据库建设和评估系统开发部分的编写工作;王振宇和王志俊负责风能资源数据库建设部分的编写工作;马占良和刘彩红承担风能资源的数值模拟技术开发部分的编写工作;李应业、朱西德和朱尽文等人参与了本书编写的有关组织管理工作。

编　者
2012 年 7 月

目　录

第1章 青海省太阳能、风能监测网建设

1.1 青海省太阳能、风能资源概况

青海省属于太阳能资源丰富区,其中部分区域属于特丰富区,年日照时数2328～3575 h,日照时数百分率达55%～70%,年太阳总辐射量6000 MJ/m² 以上,80%以上区域属于太阳能资源一类区,其余属于二类区,太阳能资源仅次于西藏。青海省内绝大部分区域属于风能可利用区,年平均风功率密度多在80～150 W/m²,全年风能可用时间3500～5000 h,3～25 m/s风速频率为50%～70%,全省风能总储量为4.0202亿 kW,风能资源潜在技术可开发量约为0.121亿 kW。青海省太阳能资源开发利用前景十分广阔,风能资源亦可适度开发。

1.2 现有监测站网布局及存在的问题

1.2.1 站网布局现状

青海省共辖56个地面气象台站,包括6个国家基准气候站、28个国家基本气象站和22个国家一般气象站,其中5个台站有太阳辐射观测项目。国家基准气候站包括刚察、民和、格尔木、兴海、达日和囊谦。国家基本气象站包括西宁、德令哈、大柴旦、冷湖、茫崖、乌兰、门源、祁连、野牛沟、托勒、共和、贵德、贵南、同仁、河南、都兰、诺木洪、小灶火、五道梁、沱沱河、玛沁、玛多、班玛、久治、玉树、清水河、曲麻莱、杂多和中心站(已撤站)。国家一般气象站包括乐都、互助、循化、化隆、平安、大通、湟中、湟源、海晏、天峻、茶卡、尖扎、泽库、同德、江西沟(保留建制)、河卡(保留建制)、甘德、治多、察尔汗(已撤站)、香日德(已撤站)和铁卜加(已撤站)。56个地面气象台站的观测项目包括风向和风速、气压、空气的温度和湿度、降水、日照、蒸发、地温以及天气现象等。有太阳辐射观测项目的台站分别是西宁、格尔木、刚察、玛沁和玉树。其中格尔木属于一级站,观测项目有太阳总辐射、净辐射、直接辐射、反射辐射和散射辐射;西宁属于二级站,观测项目有太阳总辐射和净辐射;刚察、玛沁和玉树属于三级站,观测项目只有太阳总辐射(图1.1)。

青海省绝大部分台站建立于20世纪50年代中后期,1955年以前有观测资料的台站有玉树、玛多、同德、都兰、西宁和共和6站,其余台站大多在1955—1958年开始有观测资料。建站以来40%的台站曾迁址,多出现在20世纪70年代以前。江西沟和河卡分别于1997年1月和1998年1月停止工作,但保留建制;香日德和中心站于1997年12月31日起停止工作;察尔汗于1996年12月31日起停止工作;铁卜加于1996年11月30日起停止工作。

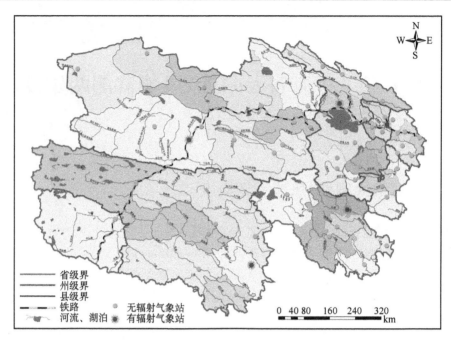

图 1.1　青海省地面气象台站分布

1.2.2　存在的问题

从青海省气象站站网布局现状可以看出,就开展太阳能、风能评估业务而言,主要存在以下问题:一是太阳能监测站点稀少,不足以全面反映青海省不同下垫面太阳能资源状况;二是太阳能资源监测项目较少,缺乏对太阳直接辐射的系统观测;三是风能资源监测的时空精度不够,不能满足精细化的风能资源评估需求;四是风能监测缺乏梯度观测,对于不同高度,特别是 70 m 和 100 m 的风塔高度的风能监测资料严重缺乏,难以为风电场开发提供直接可参考的基础数据。

1.3　加密观测站网建设

1.3.1　太阳能加密观测站网建设

为了更好地反映太阳辐射的空间分布特征,青海省气候中心依托《青海省太阳能普查》项目,于 2008 年 12 月在贵南、茫崖、民和、德令哈和沱沱河 5 个气象站进行了太阳总辐射短期加密观测,从而与已有的西宁、格尔木、刚察、玛沁和玉树 5 个辐射观测站组成布局相对合理、能够较好反映不同下垫面太阳能资源分布特征的太阳能观测站网。

1.3.2　风能加密观测站网建设

依据已有的风能资源普查和评估结果,青海省气候中心依托《青海省风能详查与评价》项目,在青海省具有风能开发潜力并具备大型风电场基本建设条件的地区,选取茫崖、青海省中部、青海湖、过马营和五道梁等 5 个风能资源详查区,设置建设 12 座风能资源观测塔,建立起青海省风能资源专业观测网,开展长期观测,以满足风能资源评估和开发利用的需要

（图1.2）。其中70 m高测风塔10座，分别为29001（茫崖）、29003（茶冷口）、29004（小灶火）、29005（诺木洪）、29006（德令哈）、29007（快尔玛）、29009（沙珠玉）、29010（过马营）、29011（黄沙头）和29012（五道梁）测风塔。100 m高测风塔2座，分别为29002（黄瓜梁）和29008（刚察）测风塔。茫崖详查区有3个测风塔，分别为29001、29002和29003；青海省中部详查区有3个测风塔，分别为29004、29005和29006；青海湖详查区有3个测风塔，分别为29007、29008和29009；过马营详查区有2个测风塔，分别为29010和29011；五道梁详查区有1个测风塔29012。

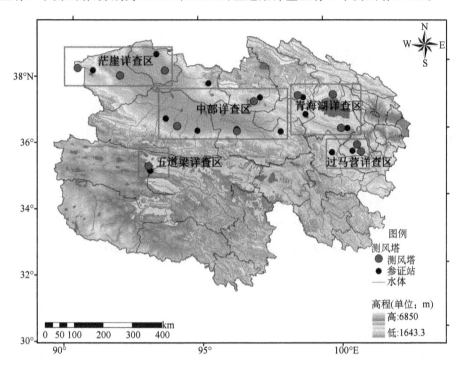

图1.2　青海省风能资源详查区布局示意

根据国家标准《风电场风能资源测量方法》（GB/T 18709—2002）和国家发改委下发的《风电场风能资源测量和评估技术规定》要求，结合当前主要风电机机型、轮毂高度以及未来风机发展趋势，并考虑各地气候特征和风能资源评估技术发展需要，确定了各类测风塔仪器观测层次和设置：

（1）70 m测风塔

——风速传感器安装在10、30、50和70 m高度；

——风向传感器安装在10、50和70 m高度；

——温湿度传感器安装在10 m和70 m高度；

——气压传感器安装在8.5 m高度。

（2）100 米测风塔

——风速传感器安装在10、30、50、70和100 m高度；

——风向传感器安装在10、50、70和100 m高度；

——温湿度传感器安装在10 m和70 m高度；

——气压传感器安装在8.5 m高度。

（3）超声测风仪

——在需要安装超声测风仪的测风塔上，超声测风仪安装在70 m高度。

第2章　青海省太阳能、风能数据库建设

2.1　太阳能数据库设计

太阳能资源资料的存储主要以 SQL Server 为数据库存储平台,其中包括地面观测的日照时数百分率资料、日照时数百分率分布图和太阳辐射分布图等信息,其中日照时数百分率分布图和太阳辐射分布图的栅格文件以文件形式存储在文件夹中。

2.1.1　存储在 sqlserver 中的资料格式

1. 地面观测的日照时数百分率数据库

地面观测的日照时数百分率数据库字段设计见表 2.1。

表 2.1　地面观测的日照时数百分率数据库字段设计

字段名称	类型	字段显示名称
Qstation	字符型	站号
Year_l	短整型	年份
Month_l	短整型	月份
Day_l	短整型	日
Rzbfl	短整型	日照时数百分率
Id	字符型	Id

其中:

Day_l 字段值为 0 时,该记录的资料为月平均日照时数百分率数据;

Id 字段的值由系统自动生成,它由 Qstation、Year_l、Month_l 和 Day_l 组成,Year_l 为 4 个字符,Month_l 和 Day_l 为两个字符,如 52866_2011_04_02。Id 字段为日照时数百分率库的主键,用来防止输入重复记录和查询定位记录。

2. 辐射产品信息数据库

辐射产品信息数据库字段设计见表 2.2。

表 2.2　辐射产品信息数据库字段设计

字段名称	类型	字段显示名称
Year_l	短整型	年份
Month_l	短整型	月份
Day_l	短整型	日

字段名称	类型	字段显示名称
Datacontent	字符型	数据内容
Daytime	字符型	数据时间范围
Datares	字符型	数据源
filename	字符型	文件名称

其中：

Month_l 字段值为 0 时，该记录的资料为年数据；

Day_l 字段值为 0 时，该记录的资料为月数据；

Dataconten 字段目前包括日照时数百分率、大气透射率、太阳辐射三种产品信息，Datacontent 的值也为这三种；

Datares 字段可以显示出此产品是由哪种模式计算得到，它的值为气候和遥感两种；

filename 字段的值由系统自动生成，它由 Year_l、Month_l、Day_l、Datacontent 和 Datares 组成，Year_l 为 4 个字符，Month_l 和 Day_l 为两个字符。Datacontent 字段值为日照时数百分率时，对应 filename 字段这部分的值为 RZBFL；为大气透射率时，对应 filename 字段这部分的值为 DQTSL；为太阳辐射时，对应 filename 字段这部分的值为 Q。Datares 字段为气候模式时，对应 filename 字段这部分的值为 QH；为遥感模式时，对应 filename 字段这部分的值为 YG。例如，气候模式生成的太阳辐射文件名称为 Q_2011_04_00_QH。filename 字段为产品信息库的主键，用来防止输入重复记录和查询定位记录。

2.1.2　数据库资料的追加和导入

数据库中追加和导入资料的途径较多，可以在数据库管理界面进行，也可以在辐射产品计算和展示界面追加。

1. 地面观测的日照时数百分率资料入库

将地面观测的日照时数百分率资料入库的方式为将文本文件中保存的日照时数百分率资料批量导入数据库，文本文件中一行资料代表一条记录资料。月资料每行记录的格式为台站号、年、月、日照时数百分率的格式；日资料每行记录的格式为台站号、年、月、日、日照时数百分率。这种入库方式在产品计算和展示界面时的预处理中可以实现，在数据库管理界面中也可以实现。如果需要输入日照时数百分率资料的单条记录，可以通过数据库管理界面添加。

2. 辐射产品资料入库

在产品计算和展示界面中计算辐射产品，产品生成后，栅格文件直接保存到数据库文件夹中，同时产品信息会自动保存到产品信息库中。如果是用 ArcGIS 等其他软件制作的日照时数百分率、太阳总辐射等产品入库时，需要填写相应的产品信息，才能保存到数据库中，这种追加资料的方式在数据库管理界面中可以实现，在产品图像的展示界面显示时也可以实现。

2.1.3　数据库管理

数据库管理包括对地面观测资料和辐射产品信息资料的查询、浏览、添加、修改、删除和导出等操作，以及对整个数据库的备份和还原。太阳能数据库管理界面见图 2.1。

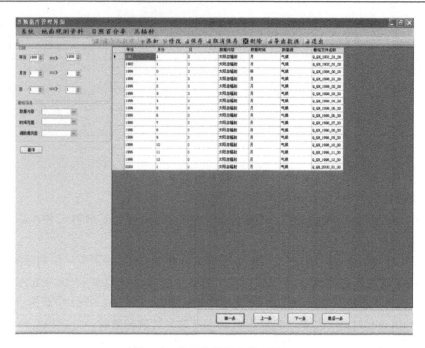

图 2.1　太阳能数据库管理界面

1. 地面观测资料的管理

地面观测的日照时数百分率资料可以通过年份范围、月份范围、日范围、日照时数百分率范围及站号来查询，查询出的资料会在界面中显示，通过数据库导航按钮可以在不同记录间切换，还可以将查询出的资料导出。地面观测的日照时数百分率资料浏览界面见图 2.2。

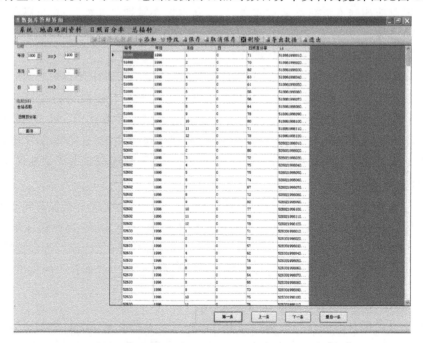

图 2.2　地面观测的日照时数百分率资料浏览界面

地面观测的日照时数百分率资料添加时,会自动产生新的一行,数据输入时系统会自动判识输入数据是否符合要求,特别是年份、月份、日和日照时数百分率,如果输入数据不能识别为数值型时,系统会提示"数据输入不符合字段要求",并阻止输入。Id 项的值不能输入,它是由站号、年份、月份和日自动生成的。添加地面观测的日照时数百分率资料界面见图 2.3。

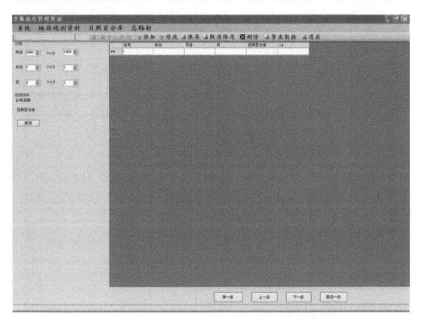

图 2.3　添加地面观测的日照时数百分率资料界面

地面观测的日照时数百分率资料的修改与添加功能类似,只是新产生的不是空行,而是包括修改前的资料。在删除选定的数据时,系统会提示"删除后将无法恢复,是否确定删除数据?",如果确定删除,系统会直接将数据从数据库中删除。

2. 辐射产品信息资料的管理

日照时数百分率、太阳总辐射等资料可以通过年份范围、月份范围、日范围、生成产品的模式和产品的时间范围来查询,查询出的资料会在界面中显示,通过数据库导航按钮可以在不同记录间切换,还可以将查询出的辐射产品信息资料导出,相应的栅格文件不会导出。日照时数百分率产品信息浏览界面见图 2.4。

添加日照时数百分率、太阳总辐射等资料时,由于要选择对应的栅格文件,所以新产生行的字段比数据库中的字段多一项选择栅格数据。数据输入时系统会自动判识输入数据是否符合要求,特别是年份、月份和日,如果输入数据不能识别为数值型时,系统会提示"数据输入不符合字段要求",并阻止输入。数据内容项系统会自动输入,数据时间和数据源在输入时会自动弹出选择框,以供选择。文件名称项的值不能输入,它是由年份、月份、日、数据内容、数据源自动计算生成的。日照时数百分率、太阳总辐射等资料的修改与添加功能类似,只是新产生的不是空行,而是包括修改前的资料。在删除选定的数据时,系统会提示"删除后将无法恢复,是否确定删除数据?",如果确定删除,系统会直接将数据从数据库中删除。

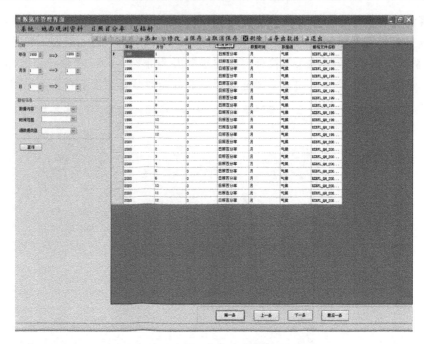

图 2.4　日照时数百分率产品信息浏览界面

2.2　风能数据库设计

建设风能资源数据库,实现对风能资源近期和长期监测数据的科学管理、资源评估结果的动态更新和显示。数据库主要包括数据预处理、数据管理、数据分析和综合显示四大功能。

2.2.1　数据预处理

(1)资料质量控制与评估:依据国家和行业制定的有关标准规范,建立区级数据质量控制系统,实现数据格式检查、测风塔参数检查、气候界限值检查、台站气候极值检查、内部一致性检查和时间一致性检查。

(2)风自记资料的数字化工作和质量控制,依据相关技术规定执行。

(3)观测网数据按规定传输。

2.2.2　数据管理

主要指将各种与风能有关的数据录入数据库,并实现数据的查询、维护和存储等基本功能。

1. 风能资源观测网数据入库与质检

建立与测风塔实时观测数据相适应的数据库。数据质量检查方法参照《风电场风能资源评估标准》,通过数据范围限定、相邻时次数据差异限定、均值检验、极值检验以及不同高度风速差值检验等方式对数据进行质量检查,并对错误数据进行规范化标识。

2. 风自记资料的数字化及入库

将青海省 5 个风能资源详查区域内所有气象站有风自记资料以来的数据全部数字化,经质量检查后入库。

3. 非风能资源观测网的测风数据质量检查与入库

对青海省内除本项目建立的 12 座测风塔外的其他测风塔观测资料进行收集和整理,通过质量检查后录入数据库。

4. 数值模拟结果入库

将国家风能中心综合集成后的 10 层高度上 1 km×1 km 水平分辨率的风能资源数值模拟结果入库。

5. 相关气象资料入库

主要包括:气象站基本信息;历年逐月平均风速;空气的温度和湿度、气压、水汽压、降水、雷暴日数、沙尘暴日数及结冰日数等逐月资料;极端气温、极端降水和最大、极大风速的逐年资料。

6. 风电场开发、建设状况信息入库

对青海省内已建、在建和规划的各风电场进行实地调研,将了解核实的有关信息录入数据库。

7. 风能资源评估结果入库

将风能资源综合评价的各种结果录入数据库,包括各实测点的风能资源评估结果、区域网格化立体风能资源评估结果和气象风险评估结果等。

8. 其他

气候背景分析资料、气象台站及测风塔等临时观测点的地理数据、历史沿革、青海省地理信息数据以及相关音频、视频、图像等资料的收集入库。

2.2.3　数据分析

主要指利用数据库的数据进行计算和分析,如计算年/月平均风速、年/月平均风功率密度、年/月平均有效风力时数、各风向频率、各等级风速频率、Weibull 分布 A 值和 K 值、风速随高度变化和可能极端风速等风能资源参数。

2.2.4　综合显示

综合显示以内容全面、操作方便和界面美观为原则。综合显示主要包括基础地理信息、风电场信息、风能资源评估结果、气候背景和风电开发综合分析 5 部分内容。所有部分均以图层形式建立和显示(图 2.5)。

1)1 : 50 000 地理信息数据为风能资源显示系统的底部图层。主要包括省市县界、高程、道路交通、地名和水系等图层。

2)风电场信息主要显示已建、在建和规划的各风电场情况,包括建设历程、装机容量、风机台数、机型和开发商等,并适当给出已建风电场的实景动态图像。

3)风能资源评估结果主要显示利用实测资料(测风塔、气象站)和数值模拟结果得到的评估结果。如测风塔位置、测风塔处的各种风能资源参数以及风能资源随高度变化情况等,以及网格化的年/月平均风速、年/月平均风功率密度和年/月平均有效风力时数等。

4)气候背景主要显示各种对风机运行有影响的气象要素情况,显示风电气象风险评估结果,如空气密度的空间分布、极端温度的分布、极端风速分布和气象风险状况等。

5)风电开发综合分析部分主要显示此次风能资源详查出的可建设风电场的具体场址,包括场址范围、面积、资源状况、交通和电网条件等。

图 2.5　风能资源数据存储管理系统界面

第 3 章　青海省太阳能遥感监测与风能数值模拟

3.1　太阳能遥感监测

根据现有研究条件,采用我国自主研发的 FY 系列静止气象卫星反演计算青海省地表太阳辐射。与 GMS 静止气象卫星资料相比较,FY 系列静止气象卫星具有国产化、可延续性强和容易获取等,同时 FY 系列观测数据具有较高的时间分辨率,因此利用 FY 系列卫星计算地表总辐射量在理论上和实践上都是可行的。本文在 Dedieu 模式的基础上,同时结合 2005—2007 年玉树和玛沁两站地面实测辐射资料对模型参数修正,考虑了气溶胶和水汽的变化对晴天地表太阳辐射的影响,反演得到的地面太阳辐射数据,与地面辐射站直接测量的结果进行了比较,两者变化趋势一致,相关系数达 90% 以上,晴天两者的差别在 5% 以内,阴天绝对差在 3 MJ/m² 以内。

3.1.1　模型物理基础

1. 晴天到达地表的总辐射

晴天到达地表的太阳辐射 E_{sclr} 可表示为:

$$
\begin{aligned}
E_{sclr} &= E_0 \cos(\theta_s)\left[\exp(-\tau/\cos\theta_s) + td(\theta_s)\right]\left[1 + A_s S_a + (A_s S_a)^2 + \cdots\right] \\
&= \frac{E_0 \cos(\theta_s) T(\theta_s)}{1 - A_s S_a}
\end{aligned}
\tag{3.1}
$$

式中,E_0 为大气外界的太阳辐射,可根据太阳常数(1376.0 W/m²)和日地距离的变化计算出;θ_s 为太阳天顶角,可根据时间和当地经、纬度计算;τ 为大气光学厚度;T 为大气总透过率(直射透过率和漫射透过率 td 之和),包括分子吸收,气溶胶和分子散射引起的衰减;A_s 为地表反照率;S_a 为大气半球反照率。本项研究采用 6S 大气模式来计算晴天大气参数,采用当地平均大气模式和标准气溶胶模式。

2. 有云时的修正

在考虑云和地表耦合的反射率和透过率在大气中的云散射贡献时,假定云(厚的气溶胶也当作云来看待)的反照率为 A_c,且假定云散射和地表反射是各向同性的,根据能量守恒,则云的透过率为 $1-A_c$(不考虑云的吸收),透过的部分经地表折反后卫星接收的反照率为 $(1-A_c)^2 A_s$,第二次折反后卫星接收的反照率为 $(1-A_c)^2 A_s^2 A_c$,依次类推,则卫星接收的总反照率为:

$$
\begin{aligned}
A &= A_c + (1-A_c)^2 A_s + (1-A_c)^2 A_s^2 A_c + \cdots \\
&= A_c + (1-A_c)^2 A_s/(1-A_c A_s)
\end{aligned}
\tag{3.2}
$$

同样,透过云到达地表辐射的总和为:

$$T_s = 1 - A_c + (1 - A_c)A_sA_c + (1 - A_c)(A_sA_c)^2 + \cdots\cdots$$
$$= (1 - A_c)/(1 - A_cA_s) \tag{3.3}$$

假定晴天和有云时大气分子的透过率相同,这种假定有一定的根据,因为大气吸收太阳光的主要分子是水汽和臭氧,臭氧含量主要分布在云以上的高度,而水汽在多数吸收带上已饱和(如 $2.7\ \mu m, 1.8\ \mu m, 1.4\ \mu m$ 带),云中增加的水汽含量并不太多地增加太阳辐射的吸收。这样,地面接收的总辐射 E_s 可表示为晴天到达地表的辐射和有云时透过率的乘积。

将(3.3)式代入,得(3.4)式:

$$E_s = E_{sclr} T_s = E_{sclr} \frac{1 - A_c}{1 - A_cA_s} \tag{3.4}$$

将(3.1)式代入(3.4)式,得(3.5)式:

$$E_s = \frac{E_0 \cos(\theta_s) T(\theta_s)}{1 - A_sS_a} \frac{1 - A}{1 - A_s} \tag{3.5}$$

由此可以看出,云的变化引起地表太阳辐射的变化可以由卫星测量的行星反照率推算出,只要地表反照率 A_s 已知即可。当地面反照率 A_s 接近 1 时,(3.5)式变得不确定,因此,对雪面等高反照率地表,(3.5)式是不适用的。

3. 气溶胶和水汽含量变化的修正

Dedieu 模式中没有考虑水汽变化的影响,忽略了晴天气溶胶含量变化对行星反照率和地面太阳辐射的影响,在此模式中气溶胶和水汽含量只用标准大气模式代替。灵敏度分析表明,在晴天除了天顶角外,气溶胶的光学厚度成为影响地表辐射最重要的因子,水汽含量对地表辐射也有影响,因此,(3.5)式很难准确表征晴天或有很薄的云的天气条件下的地表太阳辐射。(3.5)式中,卫星测量的总反照率 A 对气溶胶的灵敏度取决于地表反照率 A_s,若 A_s 较大,卫星测量对气溶胶不敏感,但气溶胶含量对地表太阳辐射却很敏感。用静止卫星的可见光单通道数据遥测地面太阳辐射,如何消除气溶胶的影响还是一个没有解决的课题。本项研究采用经验方法,设晴天气溶胶含量相对于标准模式的变化引起的地表太阳辐射的修正系数为:

$$C_{aero} = 1 - \alpha(A_c - A_{c_{std}}) \tag{3.6}$$

式中,A_c 为晴天气溶胶或薄云的反射率,由(3.2)式根据卫星测量的 A 值和地表反射率 A_s 求得;$A_{c_{std}}$ 为标准模式中气溶胶的反射率;系数 α 显然与地表反照率和气溶胶光学厚度有关,按下面方法求得:取气溶胶光学厚度相差很大的两个晴天,比较地面实际测量的太阳辐射和通过(3.5)式用卫星数据反演的地表总辐射,可以得到该地表反照率 A_s 不同情况下气溶胶反射率 A_{c_1}、A_{c_2} 的修正系数 α_1、α_2,其他晴天气溶胶反射率 A_c 的修正系数由线性内插获得:

$$\alpha = \alpha_1 + \frac{\alpha_2 - \alpha_1}{A_{c_2} - A_{c_1}}(A_c - A_{c_1}) \tag{3.7}$$

一般来说,α 随气溶胶的光学厚度增加而减小,对于厚云,当 $A_c > 0.2$ 时,令 $\alpha = 0$。修正系数 α 随地表反照率的变化我们将在以后的研究中给出。Lacis 和 Hansen 根据 Yamamoto 1962 年的计算结果拟合出一个常用的计算水汽吸收太阳辐射的经验公式:

$$A_{bs}(W) = 2.9W/5.925W + 0.635(1 + 141.5W) \tag{3.8}$$

式中,W 为整层大气的可降水量,以 cm 计。许多研究表明,平均来说,W 可以用很容易获得的地表露点温度 T_d 来表示:

$$W = 10^{0.033T_d - 0.151} \tag{3.9}$$

由地表露点温度来表征的水汽变化对地面太阳辐射的修正系数可以表示为：

$$C_{\rm H_2O} = \frac{1-|W|}{1-|W_s|} \tag{3.10}$$

式中，W_s 为标准大气模式中的可降水含量。考虑水汽和气溶胶含量变化等修正因子后，(3.5)式可写为：

$$E_s = \frac{E_0 \cos(\theta_s) T(\theta_s)}{1-A_s S_a} \frac{1-A}{1-A_s} \times [1-\alpha(A_c - A_{c_{\rm std}})] \times C_{\rm H_2O}(W) \tag{3.11}$$

利用(3.11)式就可以很方便地由卫星测量的总反照率 A 和地面露点温度 T_d 获得实时的地表太阳辐射。

4. 获得总反照率 A 和地表反照率 A_s

实际大气中除了云外，还有气溶胶和大气分子的散射，卫星接收到的表现反照率除了地表和云系统的总反照率 A 外，还要受大气分子和气溶胶的散射和吸收的影响，根据 6S 模式，卫星接收到的表现反照率 ρ^* 为：

$$\rho^* = \rho_a(\theta_s, \theta_v, \Phi) + \frac{A T(\theta_s) T(\theta_v)}{1-A S_a} \tag{3.12}$$

式中，$\rho_a(\theta_s, \theta_v, \Phi)$ 为晴空大气反照率，S_a 为晴空大气半球反照率（包括气溶胶和分子），θ_s、θ_v 分别为太阳天顶角和卫星观测天顶角，Φ 为太阳方位角和观测方位角之间的相对方位角。由此可得到：

$$A = \frac{\rho^* - \rho_a(\theta_s, \theta_v, \Phi)}{T(\theta_s) T(\theta_v) + S_a[\rho^* - \rho_a(\theta_s, \theta_v, \Phi)]} \tag{3.13}$$

由卫星接收到的表观行星反照率 ρ^* 可以得到地表和云的总反照率 A。在一定长的时间段内，总可以选取晴朗无云的时候，这时由测量的行星表观反照率通过(3.13)式得到的 A 值达到最小，即认为是地表反照率 A_s。

3.1.2　资料处理及参数获取

FY—2C 卫星于 2004 年 10 月 19 日发射成功，它是我国自主研制的第二批次业务静止气象卫星。卫星定位于东经 105°E 赤道上空，扫描辐射计是 FY 系列卫星的主要观测仪器，携带了 5 个光谱通道，获取覆盖地球表面约 1/3 的全圆盘图像（HDF5 格式）。目前在轨运行 FY—2D/2E/2F 卫星数据时间间隔 1 h，夏季数据加密时间间隔为 30 min。卫星数据通过 DVBS 卫星接收系统实时自主接收，风云系列数据起止日期为 2004 年 10 月 26 日起至今，技术指标有详细表述（表 3.1）。风云后续卫星还具备更加灵活、高时间分辨率的特定区域扫描能力，能够针对森林和草原火灾、台风和强对流等灾害性天气进行重点观测，同时对空间环境监测器实现对太阳辐射、高能质子、高能电子和高能重粒子流量的多能段监测，用于开展空间天气监测、预报和预警业务。

表 3.1　FY—2C 扫描辐射计通道

通道号	波长范围/μm	波长	分辨率/km	用途
1	0.55～0.90	可见光	1.25	白天云、雪、水体
2	10.3～11.3	远红外	5	昼夜云、温度、云雪区分
3	11.5～12.5	远红外	5	昼夜云
4	6.5～7.0	中红外	5	半透明卷云温度、中高水汽
5	3.5～4.0	中红外	5	昼夜云、高温目标

1. 反演步骤

首先用上述方法得到地表反照率 A_s 和气溶胶修正系数 α,预先按其辐射站气象资料计算平均气象条件下的"标准大气模式"计算晴天条件下的大气半球反照率 S_a、大气透过率随天顶角 θ_s 的变化 $T(\theta_s)$;然后,根据辐射监测站点地理定位从 FY 静止卫星云图中的可见光通道中读取该像元表观反照率,进而得到总反照率 A;由地表露点温度得到可降水含量和水汽修正系数;最后得到地表的太阳辐射。该方法中由于已在模式中考虑了晴天的气溶胶光学厚度和水汽含量的变化的影响,卫星测量的气溶胶反射率的敏感性随地表反射率的变化已得到订正,结合 2005—2007 年玉树和玛沁辐射站实测分钟资料对模型反演值修正,修正后反演模式较修正前精度有较大提高,从而得到适合青海省太阳总辐射遥感监测模型,该模式能更好地由卫星测量的总反照率表征该区域地表的太阳辐射(图 3.1)。

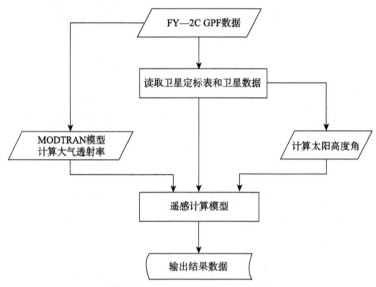

图 3.1 FY—2C 数据处理流程

2. 参数获取

1)大气透射率

MODTRAN3 是在 LOWTRAN 基础上改进的,具有更高的分辨率,达到了 2 cm^{-1},对辐射传输的几何路径、气溶胶模式以及透过率模式提供了更多选择,而且引入了多次散射计算方法,使得精度得以提高,从而对大气、气溶胶、云以及遥感影像大气校正研究分析提供了有力的帮助。本项目针对青海省中纬度地区进行分析,计算 4 个季节大气总的透射率。需要输入的参数为:大气资料、气溶胶资料、几何信息和光谱信息。

太阳高度角 h:

$$\sin h = \sin\delta\sin\varphi + \cos\delta\cos\varphi\cos\omega \tag{3.14}$$

从北京时换算成真太阳时,需要进行以下两步转换。首先将北京时换算成地方时 S_d:

$$S_d = S + \{F - [120° - (JD + JF/60)] \times 4\}/60 \tag{3.15}$$

其中,JD 表示当地经度中的度,JF 表示当地经度中的分。其次进行时差订正:

$$S_o = S_d + E_t/60 \tag{3.16}$$

$$E_t = 0.0028 - 1.9857\sin\theta + 9.9059\sin2\theta - 7.0924\cos\theta - 0.6882\cos2\theta \tag{3.17}$$

式中:φ 为当地地理纬度,δ 表示太阳赤纬,ω 表示时角,JD 表示当地经度中的度,JF 表示当地经度中的分,θ 表示日角,E_t 为时差。时间、经度和纬度可以从卫星图像中读取,时角 $\omega = (S_0 + F_0/60 - 12) \times 15°$,式中时($S$)和分($F$)的符号加上下标($0$)表示是真太阳时。

2)反照率

卫星观测记录的是计数值,其可见光编码等级为 6 Bit,反映的是云和地表对太阳辐射反射的信息。卫星观测计数值越大,下垫面的反射就越强,到达地面的太阳辐射就越弱,但由于可见光的双向反射特性,卫星可见光通道的观测值随太阳高度角的变化而变化。太阳高度越低,卫星观测计数值也越小,而此时太阳辐射却较弱,使卫星观测计数值与太阳辐射的关系变得较为复杂。这是由于卫星观测计数值不能代表真实反照率的缘故。为了消去观测时次和像元地理位置不同带来的影响,首先由可见光通道计数值(0~63)与反照率的一一对应关系推算,再进行太阳高度订正得到真实的反照率。在晴空条件下,卫星观测的反照率信息主要来自地表,同时也受大气浑浊度的影响。一般来说,大气浑浊度大,反照率也略大一些,可以认为各旬中最小反照率时大气透明度较高,此时到达地面的总辐射最强。假定大气完全透明时到达地表的垂直太阳光线平面上的太阳辐射状况是相同的,此时太阳高度角对到达地表的太阳辐射总量的影响有两个方面:一方面,太阳高度角是决定天文辐射强度的一个重要因素;另一方面,太阳高度角的变化会改变太阳辐射穿过大气的距离,进而影响到达地表的太阳辐射量。太阳高度角越小,等量的太阳辐射散布的面积就越大,因而单位面积上获得的太阳辐射就越小。已知在太阳高度角为 h 时,大气上界任意水平面上所获得的太阳辐射为:$E = E_0 \times \sin h$,式中 E_0 为大气上界垂直受射面上的太阳辐射强度。太阳高度角越小,太阳辐射穿过的大气层越厚,因此太阳辐射被减弱也较多,到达地面的太阳辐射也会相应减少。

3.1.3　模型检验

1. 计算小时太阳辐射

通过卫星遥感反演计算出 2008 年 8 月 4 日 8:00—20:00 各时总辐射与总辐射观测站地面实测值数据分析比较(图 3.2,表 3.2),可以看出:小时遥感资料反演计算值与实测值变化趋势相当一致,相关系数在 92% 以上,小时误差在 $-1.24 \sim +0.50$ MJ/m^2 之间,证明此方法反演小时地面总辐射是可行的。从数据分析来看,误差产生来源主要有两个:一是地面反照率受地物类型影响;二是大气透射率是根据经验公式计算的,没有考虑不同大气状况的影响,如青藏高原下午云系较多影响总辐射的计算。

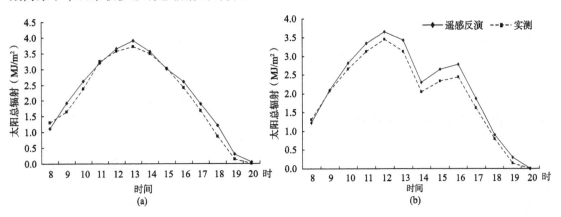

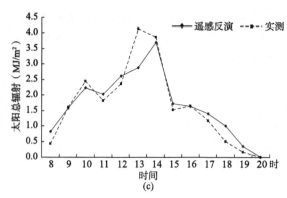

图 3.2 格尔木站(a)、西宁站(b)和玉树站(c)2008 年 8 月 4 日 8—20 时各时总
辐射卫星遥感计算值(实线)与地面实测值(虚线)的比较

表 3.2 2008 年 8 月 4 日 8—20 时各时总辐射卫星遥感计算值与地面实测值(单位:MJ/m²)

站名	项目	时 次												
		8	9	10	11	12	13	14	15	16	17	18	19	20
刚察	遥感反演	1.50	2.39	3.14	3.63	2.45	2.80	3.20	2.86	2.20	2.01	1.20	0.34	0.00
	实测	1.55	2.32	2.90	3.50	2.20	2.68	3.18	2.86	1.81	1.80	0.96	0.22	0.00
	误差	−0.05	0.07	0.24	0.13	0.25	0.12	0.02	0.00	0.39	0.21	0.24	0.12	0.00
格尔木	遥感反演	1.11	1.92	2.62	3.19	3.66	3.91	3.56	3.01	2.60	1.90	1.20	0.30	0.04
	实测	1.30	1.65	2.38	3.24	3.57	3.72	3.49	3.03	2.42	1.68	0.86	0.14	0.00
	误差	−0.19	0.27	0.24	−0.05	0.09	0.19	0.07	−0.02	0.18	0.22	0.34	0.16	0.04
西宁	遥感反演	1.31	2.07	2.66	3.13	3.45	3.12	2.05	2.34	2.44	1.62	0.79	0.14	0.00
	实测	1.22	2.09	2.81	3.34	3.66	3.43	2.30	2.65	2.78	1.87	0.90	0.30	0.00
	误差	0.09	−0.02	−0.15	−0.21	−0.21	−0.31	−0.25	−0.31	−0.34	−0.25	−0.11	−0.16	0.00
玉树	遥感反演	0.82	1.58	2.23	2.03	2.61	2.88	3.69	1.72	1.63	1.40	1.00	0.35	0.00
	实测	0.44	1.61	2.45	1.81	2.36	4.12	3.86	1.52	1.65	1.17	0.50	0.17	0.00
	误差	0.38	−0.03	−0.22	0.22	0.25	−1.24	−0.17	0.20	−0.02	0.23	0.50	0.18	0.00

2. 计算日总辐射数据

地面总辐射最常用的量是日累积辐照 I_{daily}(单位:MJ/m²),表示每天地面接收的短波总辐射能量,是地面辐照的时间积分,对卫星测量的结果采用下式计算:

$$E_{daily} = \sum_{k=1}^{n+1} \frac{E_s(t_k) + E_s(t_{k-1})}{2}(t_k - t_{k-1}) \tag{3.18}$$

式中:t_k 为卫星观测的时间,k 取值范围为 $1\sim(n+1)$,其时间间隔为 1 h;n 为每天卫星观测的次数;t_0 和 t_{n+1} 分别为日出和日落的时间,并假定:

$$E_s(t_0) = E_s(t_{n+1}) = 0 \tag{3.19}$$

通过卫星遥感反演计算出 2008 年 8 月逐日总辐射与总辐射观测站地面实测值数据分析比较(图 3.3)可以看出:日遥感资料反演与实测值变化高度一致,相关系数大约为 0.90,日误差在 $-2.66\sim+4.97$ MJ/m²,证明此方法反演日地面总辐射是可行的,但是受云的影响,特别

是薄云,导致反演结果误差较大,为正确估算日总辐射增加了很大难度。

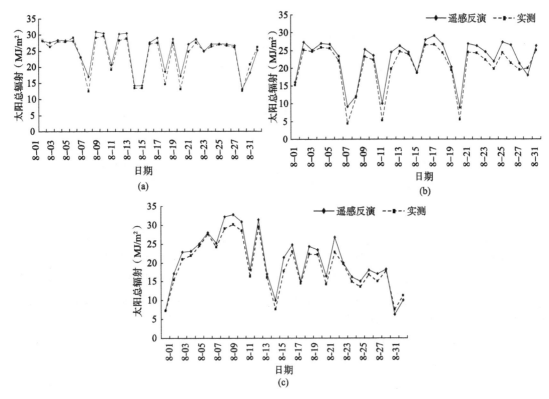

图 3.3　格尔木站(a)、西宁站(b)和玉树站(c)2008 年 8 月逐日总辐射卫星遥感反
演值(实线)与地面实测值(虚线)比较

　　利用玛多站 2011 年 7 月 13 日、15 日和 31 日的 8—20 时逐时的卫星遥感反演值与地面观测站实测值进行对比分析表明(图 3.4),遥感反演精度较高,特别适用于西部监测站点较少地区的太阳能估算。从对比分析图上看,小时误差值在 −1.27～+0.82 MJ/m² ,上午相对误差较小,下午 16:00 后总辐射值较小,但相对误差较大,主要是由于薄云和气溶胶对总辐射的影响。

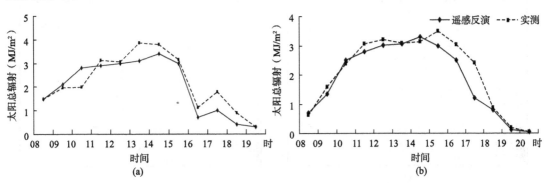

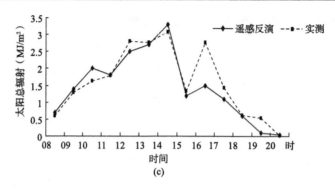

(c)

图 3.4　玛多站 2011 年 7 月 13 日(a)、15 日(b)和 31 日(c)的 8—20 时各时辐射卫星遥感反演值(实线)与地面实测值(虚线)比较

3. 估算结果

从青海省 2011 年 7 月 15 日 8 时、9 时和 12 至 19 时总辐射遥感反演空间分布图(图 3.5)可以看出(从浅蓝到红色表示小时总辐射值从低值到高值的变化等级):从时间尺度分析青海省总辐射从 8 时开始增加,到 13 时左右达到最高值,19 时以后总辐射达到最小,时间尺度上呈现一个开口朝下的抛物线,小时总辐射最大值 4.80 MJ/m²,最小值为 0.0 MJ/m²;从空间尺度分析,青海省小时总辐射呈现以柴达木盆地为核心的辐射状分布。

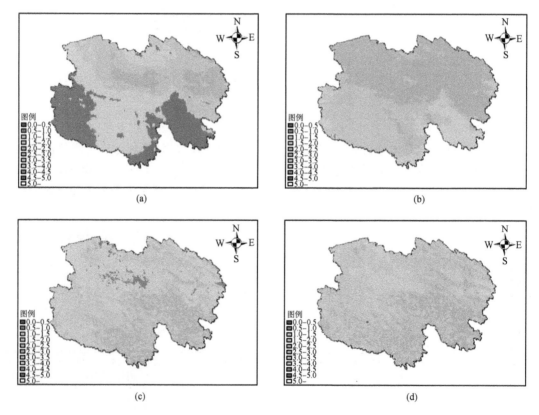

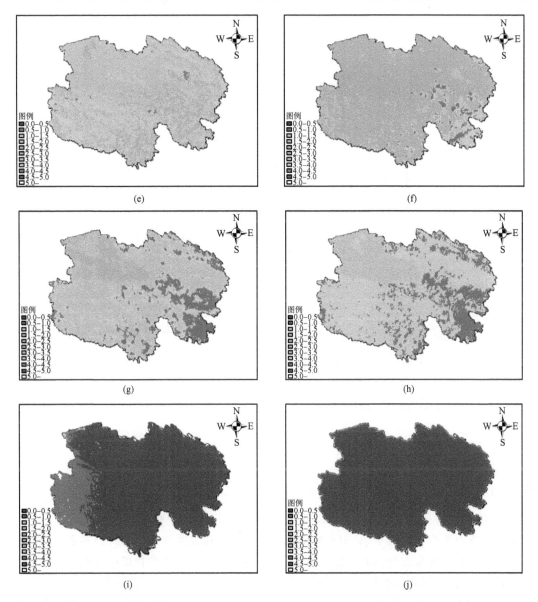

图 3.5　2011 年 7 月 15 日 8、9 和 12—19 时青海省小时总辐射遥感反演空间分布(单位:MJ/m²)

(a)8:00;(b)9:00;(c)12:00;(d)13:00;(e)14:00;(f)15:00;(g)16:00;(h)17:00;(i)18:00;(j)19:00

从 2011 年 7 月 15 日青海省日总辐射空间分布图(图 3.6)分析,日最大值为 33.02 MJ/m²,出现在柴达木盆地,日最小值为 13.00 MJ/m²,分布在青海省东北部。晴空下总辐射从西北到东南有减少趋势。

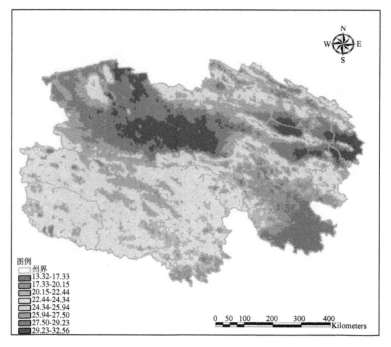

图 3.6　2011 年 7 月 15 日青海省日总辐射空间分布(单位:MJ/m²)

3.2　风能数值模拟

3.2.1　模式简介

1. MM5 模式

MM5 模式是美国宾州大学(PSU)和美国国家大气研究中心(NCAR)联合研制的第 5 代中尺度数值天气预报模式。MM5 与以前版本相比有了很大的改进,主要体现在如下方面:(1)采用非静力平衡动力框架,对中小尺度天气系统有比较强的模拟能力;(2)多重嵌套网格系统,满足不同业务科研需要;(3)考虑了非常详细的物理过程,对每种物理过程提供了多种实施方案,允许根据不同的问题选用不同的方案进行研究;(4)采用了目前比较先进的四维同化(FDDA)处理技术,可在多种计算平台上运行。MM5 已经被公认为高水平的中尺度数值模式,应用相当广泛。它对中小尺度天气系统、海陆风、山地环流和城市热岛等的理论研究和业务预测有其独特的优势。近 10 年来,该模式在世界各地不仅被广泛地应用于区域数值天气预报业务,还被广泛地应用于大气环境影响评估与预测、风能资源评估与预报以及城市或区域发展规划等领域中(穆海振等,2006)。

2. CALMET 模式

CALMET 模式是美国环境保护署(EPA)推荐的由 Sigma Research Corporation(现在是 Earth Tech, Inc 的子公司)开发的空气质量扩散模式 CALPUFF 模式中的气象模块。CALMET 是一个网格化气象风场模式,利用质量守恒原理对风场进行诊断,包含了:客观化的参数分析;陡坡地形的参数化处理;地形影响下的动力学流体效应;特殊地形对大气流体的阻滞效应;辐散散度最小化处理;专门为处理海陆边界层和大面积水体区域上空的气体扩散的微气象学处理算法。

3.2.2　模式设置及参数

1. 选择数值模式

根据风能资源数据模拟技术规定,该模拟方案中要采用中尺度气象模式或中尺度与小尺度结合的模式进行风能资源的短期数值模拟。推荐使用的模式有:WRF、RAMS、GRAPS-MESO、MM5 和 CALMET 等。经过分析比较,MM5 和 CALMET 两种模式结合应用,使用简单方便,模拟精度较高,模拟误差可达到技术规定的要求,故采用 MM5 和 CALMET 模式进行风能数值模拟。

2. 设置模式网格

MM5 模式设为两层嵌套,中心经纬度均为 96.5°E 和 36.7°N。第一层嵌套水平网格距为27 km,东西格点数为 101,南北格点数为 67,第二层嵌套水平网格距离为 9 km,东西格点数为151,南北格点数为 73。垂直方向共 31 层,选用 δ 坐标。第二层嵌套格点相对于第一层的起始点为 26(东西)、22(南北)。地图投影方式采用 LAMCON(兰勃托保角投影)。物理过程选项中,行星边界层参数化方案选择 MRF 方案,积云参数化方案选择 Grell 方案,大气辐射方案嵌套 1 选择云(Dudhia)方案,嵌套 2 未选择,土壤模式使用多层土壤模式。

3. 模式运行方案

首先使用 MM5 模式计算分辨率达到 9 km 的,能覆盖青海省各风能资源详查区的各要素结果。该模拟区域作为唯一的风能资源详查区包含了青海 12 个风能资源详查点(图 3.7)。然后利用 CALMET 模式进一步计算,得到水平分辨率均为 1 km、垂直分辨率均为 10 m 和垂直方向为 15 层面上各要素值。由于青海省各风能资源详查区均在青海北线,故分两个区域进行计算。其中:

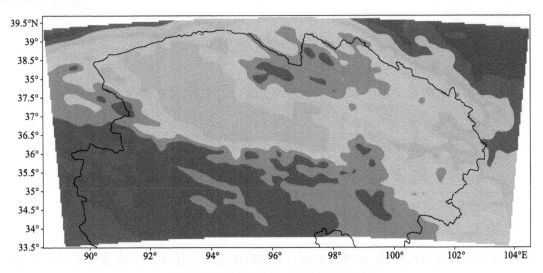

图 3.7　MM5 模式第二层嵌套计算区域

CALMET 1 区(青海省西部区)东西网格数为 771,南北方向网格点数为 541,中心经纬度为 93.78°E 和 37°N。覆盖区域为 89.5°—98°E,34.5°—39.5°N。

CALMET 2 区(青海省东部区)东西网格点数为 541,南北方向网格点数为 541,中心经纬度为 100°E 和 37°N。覆盖区域为 97°—103°E,34.5°—39.5°N。

4. 模式输入资料

地形资料采用 30″ 水平分辨率的 USGS 资料和 SRTM3 资料。全球环流模式背景场资料采用 NCEP/FNL 再分析日资料,下载的 NCEP 资料空间分辨率为 1°,文件名格式为 fnl_YYMMDD_TT_00,TT 为世界时(00、06、12、18 时),该资料每天 4 个文件,文件大小为 23.8 M。常规气象观测资料采用中国气象局下发的 MICAPS 常规探空和地面观测资料。

5. 模式物理过程参数化

物理过程参数化包括湿微物理过程参数化、边界层物理过程参数化、积云参数化、云辐射参数化、土壤温度模式和浅对流。具体参数设置见表 3.3。

表 3.3 模式物理过程参数设置

选项变量	选项名	设置值
RUNTIME_SYSTEM	运行模式的计算机系统	Linux
FDDAGD	格点分析同化	无
FDDAOB	测站同化	无
MAXNES	模拟中的区域数	2
IMPHYS	显式方案的选项	简单冰
MPHYSTBL	显式方案使用查找表	不使用
ICUPA	积云参数化的选项	Grell
IBLTYP	行星边界层方案的选项	MRF 行星边界层
FRAD	大气辐射方案的选项	云方案
IPOLAR	极地模式	无
ISOIL	土壤模式	多层土壤模式
ISHALLO	浅对流方案	不使用

3.2.3 数值模拟计算结果的统计分析

1. 风能资源各参数计算方法

青海省各风能资源详查区 12 个测风塔均为风自记观测,风能资源各参数按照以下方法计算:

1)平均风速

平均风速按(3.20)式计算:

$$\overline{V}_E = \frac{1}{n} \sum_{i=1}^{n} V_i \tag{3.20}$$

式中:$\overline{V}_E$ 为平均风速,V_i 为风速观测序列,n 为平均风速计算时段内(年、月)风速序列个数。

2)风向频率

根据风向观测资料,按 16 个方位统计观测时段内(年、月)各风向出现的小时数,除以总的观测小时数,即为各风向频率。

3)风能方向频率

根据风速、风向逐时观测资料,按不同方位(16 个方位)统计计算各方位具有的能量,其与总能量之比作为该方位的风能频率。例如,按(3.21)式计算的年风能方向频率,即为一年内东风所具有的能量占总能量的比值。

$$F_{东} = \frac{\frac{1}{2}\rho \sum\limits_{i=1}^{m} V_i^3}{\frac{1}{2}\rho \sum\limits_{j=1}^{n} V_j^3} \tag{3.21}$$

式中：m 为风向为东风的小时数；$n=8760$ 或 8784（平年为 8760，闰年为 8784）。

4）风速频率

以 1 m/s 为一个风速区间，统计代表年测风序列中每个风速区间内风速出现的频率。每个风速区间的数字代表中间值，如 5 m/s 风速区间为 4.6～5.5 m/s。

5）有效小时数

统计出代表年测风序列中风速在 3～25 m/s 之间的累计小时数。

6）年平均风功率密度

年平均风功率密度按（3.22）式计算：

$$D_{WP} = \frac{1}{2n} \sum_{k=1}^{12} \sum_{i=1}^{n_k, k} (\rho_k \cdot v_{k,i}^3) \tag{3.22}$$

式中：n 为计算时段内风速序列个数；ρ_k 为月平均空气密度，$k=1,2,\cdots,12$；n_k 为第 k 个月的观测小时数；$v_{k,i}$ 为第 k 个月（$k=1,2,\cdots,12$）风速序列。

平均风功率密度的计算应是设定时段内逐时风功率密度的平均值，不可用年平均风速计算年平均风功率密度。计算 D_{WP} 中需要的参数 ρ_k 必须是测站各月平均空气密度值，取决于当地相应月的月平均气温、月平均气压和月平均水汽压，按（3.23）式计算：

$$\rho = \frac{1.276}{1 + 0.00366\, t} \left(\frac{p - 0.378e}{1000} \right) \tag{3.23}$$

式中：ρ 为空气密度（kg/m³）；p 为月平均气压（hPa）；e 为月平均水汽压（hPa）；t 为月平均气温（℃）。

7）威布尔（Weibull）分布参数 K、A 的估算

建议采用以平均风速和标准差估算威布尔分布两个参数（李自应等，1998）。以平均风速 $\bar{v}$ 估计 μ，以标准差 S_v 估计 σ，根据（3.24）和（3.25）式计算：

$$\mu = \bar{v} = \frac{1}{n} \sum_{i=1}^{n} V_i \tag{3.24}$$

$$\sigma = S_v = \sqrt{\frac{1}{n} \sum_{i=1}^{n} (V_i - \mu)^2} \tag{3.25}$$

式中：V_i 为风速观测序列，n 为计算时段内风速序列个数。

Weibull 两参数 K、A 按（3.26）式、（3.27）式计算（保留 2 位小数）：

$$K = \left(\frac{\sigma}{\mu} \right)^{-1.086} \tag{3.26}$$

$$A = \frac{\mu}{\Gamma\left(1 + \frac{1}{K}\right)} \tag{3.27}$$

式中，$\Gamma\left(1 + \frac{1}{K}\right)$ 为伽马函数，可查伽马函数表求得，下同。

8)50 年一遇最大风速

风速的年最大值 x 采用极值 I 型的概率分布,其分布函数为:

$$F(x) = \exp\{-\exp[-\alpha(x-u)]\} \tag{3.28}$$

式中:u 为分布的位置参数,即分布的众值;α 为分布的尺度参数。

分布的参数与均值 μ 和标准差 σ 的关系按下式确定:

$$\mu = \frac{1}{n}\sum_{i=1}^{n}V_i \qquad\qquad \sigma = \sqrt{\frac{1}{n-1}\sum_{i=1}^{n}(V_i-\mu)^2}$$

$$\alpha = \frac{c_1}{\sigma} \qquad\qquad u = \mu - \frac{c_2}{\alpha}$$

式中,V_i 为连续 n 年最大风速样本序列($n \geqslant 15$),系数 c_1 和 c_2 见表 3.4。

表 3.4　连续 n 年最大风速样本序列的系数 c_1 和 c_2

n	c_1	c_2	n	c_1	c_2
10	0.94970	0.49520	60	1.17465	0.55208
15	1.02057	0.51820	70	1.18536	0.55477
20	1.06283	0.52355	80	1.19385	0.55688
25	1.09145	0.53086	90	1.20649	0.55860
30	1.11238	0.53622	100	1.20649	0.56002
35	1.12847	0.54034	250	1.24292	0.56878
40	1.14132	0.54362	500	1.25880	0.57240
45	1.15185	0.54630	1000	1.26851	0.57450
50	1.16066	0.54853	∞	1.28255	0.57722

若 1971—2000 年的年最大风速序列为:$V_1, V_2, V_3, \cdots, V_{30}$,则 μ、σ 计算如下:

$$\mu = \frac{1}{30}\sum_{i=1}^{30}V_i, \quad \sigma = \sqrt{\frac{1}{29}\sum_{i=1}^{30}(V_i-\mu)^2}$$

于是,
$$\alpha = \frac{1.11238}{\sigma}, \quad u = \mu - \frac{0.53622}{\alpha}$$

测站 50 年一遇最大风速 $V_{50-\max}$ 按下式计算:

$$V_{50-\max} = u - \frac{1}{\alpha}\ln\left[\ln\left(\frac{50}{50-1}\right)\right] \tag{3.29}$$

2. 模拟结果分析

经模式计算,得出青海省各风能资源详查区各层各要素月值及年值。由于 70 m 高度层能较好地表现各地风能资源,将 70 m 高度年平均风速分布、年平均风功率密度分布及年有效小时数绘制成图(图略),进而加以评估分析。

3.2.4　数值模拟计算效果评估

1. 效果评估方法

1)测风点上数值模拟要素的插值方法

选出离观测塔最近的周边 4 个模式网格点,利用这 4 个点上的模拟值,通过双线性内插的方法得到测风点上的模拟值。风矢量按照东西分量和南北分量分别内插。双线性内插公式见(3.30)式,双线性内插示意见图 3.8。

$$\bar{a}_0(n) = b[a \cdot a(i-1,j) + (1-a) \cdot a(i-1,j+1)] +$$
$$(1-b)[a \cdot a(i,j) + (1-a) \cdot a(i,j+1)] \tag{3.30}$$

式中,$\bar{a}_0(n)$ 为双线性内插得到的测风点上的模拟要素值;$a(i,j)$、$a(i,j+1)$、$a(i-1,j+1)$ 和 $a(i-1,j)$ 分别为一个网格的 4 个交叉点上的模式要素值;a 和 b 分别为测风塔距离南北和东西网格线的最近距离(图 3.8)。

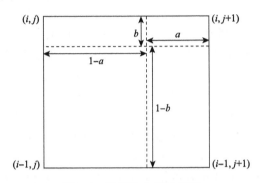

图 3.8　双线性内插示意图

2)数值模拟准确率计算方法

计算所有测风点上 10 m、30 m、50 m、70 m 和 100 m 高度层年平均风速、平均风功率密度和风速 Weibull 分布参数 A、K 的模拟值与实测值的相对误差。相对误差(D_A)定义为:

$$D_A = \frac{A_{\text{fcst}} - A_{\text{obs}}}{A_{\text{obs}}} \tag{3.31}$$

式中,A_{fcst} 和 A_{obs} 分别为模拟值和实测值。

求每个风能资源详查区内所有测风塔 70 m 高度上年平均风速模拟值与实测值的相对误差的平均值($\overline{D_A}$),表达式如下:

$$\overline{D_A} = \frac{1}{m}(|D_{A1}| + |D_{A2}| + \cdots + |D_{Am}|) \tag{3.32}$$

式中 $D_{A1},D_{A2},\cdots,D_{Am}$ 分别表示每个测风塔 70 m 高度上的年平均风速模拟值与实测值的相对误差。

2. 数值模拟效果分析

1)短期模拟结果合理性分析

青海省大部分处于高海拔开阔地带,受到高原强劲西风动量下传的影响,成为全国风速分布的高值区之一。根据多年台站资料分析,风能资源的分布与地形有着密切的联系。由于海拔和地形的影响,在地形比较闭塞的河谷地区,平均风速较小。青海省内平均风速最大的地方在茫崖和五道梁两站,前者由于地形的狭管效应,致使全年风速较大,后者海拔高,冬半年处于西风急流下方,因而风速很大。对比模拟结果可以看出,详查区风能资源的模拟结果基本体现了地形走向以及大地形的起伏对风速的影响,如:模式较好地模拟出了风速和风功率密度的大值区在茫崖和五道梁地区,而在青海省东部的谷地模拟数值较小等。此外,模拟结果还体现了青海省风速分布的其他地域性特征:一是高海拔地区的风速大于低海拔地区,如五道梁海拔

4622 m,模拟月平均风速8.1 m/s,而在海拔2784 m的小灶火,模拟月平均风速仅为5.7 m/s;二是峡谷效应明显,如茫崖处于柴达木盆地西沿的阿尔金山山口,风速具有加速效应,实际风速较大,而模拟平均风速也达到了7.2 m/s。可见,不论从数值还是空间分布,模式模拟的风速特征与实际风速状况有较好的吻合度。

2)短期模拟结果与实况符合程度分析

据2009年6月—2010年5月气象观测资料统计,青海省北部月平均风速在1.7～4.5 m/s,其中环青海湖及海西西部地区平均风速较大,风速均在3.0 m/s以上,五道梁是平均风速最大的地区。在70 m高度月平均风速的模拟值空间分布的基本形态与观测结果较为一致,大值区也是集中在环青海湖地区及海西的五道梁、茫崖地区。从月际变化对比来看,实况平均风速大值时段集中在春季,2010年3、4月份平均风速最大,分别达到3.4 m/s和3.8 m/s,而70 m模拟风速的大值时段也表现在春季,2010年3、4月份平均风速达到最大,分别为8.7 m/s和8.5 m/s。可见,两者在年内分布上具有较好的一致性。从风向来看,各参证站实况最大风速主导风向以W和WNW为主,次导风向以W、WNW和NW为主,而模拟结果与观测较为接近,能够反映出该地区的盛行风向或月最大风速的风向。风速和风功率密度频率的模拟结果也基本能够反映观测结果的分布情形,只是数值模式在个别风速段低估或高估了测风塔的频率值。从以上分析看出,各详查区风能资源数值模拟结果与当地风气候特征相吻合。

根据风能资源短期数值模拟结果与同期测风塔数据对比分析,结果表明:模拟计算出的风资源值基本符合当地的风参数特征,2009年6月至2010年5月的70 m高度上风速年均相对误差为6.81%,逐月平均风速相对误差范围在3.84%～9.58%之间。

3. 数值模拟误差原因分析

1)地形地貌原因

青海省地形复杂、地势高、湖泊众多,复杂地形地貌是造成青海省风能资源数值模拟误差较大的原因之一。青海省地处欧亚大陆腹地,平均海拔在3000 m以上,以高寒干旱为特征,是典型的大陆性高原气候,仅仅在各风能资源详查区内,地形复杂多样,山脉诸多,西北部有阿尔金山,中部有昆仑山,东北部为祁连山,且西部山脉高峻、向东倾斜降低,山脉多以东西走向为主。此外各风能资源详查区有诸多大小不一的盆地、起伏不平的高原丘陵及高海拔草甸地形地貌。由于地表不一,受热不均,大气层结不稳定,极易发生强对流天气。其中茫崖风能资源详查区地处柴达木盆地西北缘,是青藏高原陷落最深的地区之一,以盐质荒漠地貌为主,受地形狭管效应影响明显,极易发生强对流天气。青海省中部风能资源详查区位于柴达木盆地中部,以戈壁、沙丘、平原、沼泽和盐湖等地貌为主。过马营风能资源详查区则以共和盆地及木格滩沙漠向东南延伸的沙带为主,尤其是毗邻青海湖,海陆风影响值得考虑。而五道梁风能资源详查区存在冰缘地貌发育,植被以高山草甸和沼泽草甸为主,是气候寒冷半干旱的多年冻土带。复杂的地形地貌难以全面考虑到气候模式中,致使部分地区、部分时段的数值模拟效果较差。

2)气候背景原因

气候背景复杂也是造成青海省风能资源数值模拟部分数值误差较大的原因之一。青海省气候在夏季主要受南亚高压及西太平洋副热带高压影响,而冬季受东亚大槽影响。在全球气候变暖的大背景下,青藏高原处于气候变化的敏感区,受青藏高原独特的加热场作用,各类气候影响系统有着明显的季节性变化及年际变化,风场不仅受大气环流的制约,而且局地环流、局地热力差异造成的影响也较为明显。

　　3)数值模式系统原因

　　天气气候的变化,是地球周围大气运动变化的结果,而大气运动变化,物理上要符合流体力学和热力学的一些定律,这些定律可以用数学的语言写成数学方程。然而,目前任何一套模型都不能完全真实地、只是近似地模拟大气演变,必然存在误差。数值模式系统本身误差也是造成青海省风能资源数值模拟部分数值误差较大的原因之一,尤其是在复杂地形条件及地面加热场的情况下,其数值模式不能完全模拟实际的大气演变。

第4章　青海省太阳能、风能资源评估

4.1　太阳能资源评估

4.1.1　日照时数的分布特征

1. 日照时数的空间分布

从图 4.1 可以看出，柴达木地区是年平均日照时数最多的地区，年平均日照时数在 2977.0～3397.7 h 之间。其中冷湖最多，为 3397.7 h，香日德最小，为 2977.0 h，德令哈、格尔木、乌兰、天峻、都兰、大柴旦和茫崖年平均日照时数依次为 3093.7、3083.9、3046.6、3023.2、3071.5、3242.9 和 3240.3 h。年平均日照时数最少的地区是果洛地区，年平均日照时数在 2351.5～2842.4 h 之间。其中久治最少，为 2351.6 h，玛沁、甘德、达日、班玛和玛多年平均日照时数依次为 2544.6、2420.2、2474.0、2371.4 和 2842.4 h。海北地区年平均日照时数介于 2546.0～3087.2 h 之间，其中门源最少，为 2546.0 h。海东地区年平均日照时数介于 2415.5～2736.3 h 之间，其中民和最少，为 2415.5 h。黄南地区年平均日照时数介于 2532.9～2674.0 h 之间，其中河南最少，为 2532.9 h。玉树地区年平均日照时数介于 2457.0～2954.6 h 之间，其中杂多最少，为 2457.0 h。海南地区年平均日照时数介于 2697.0～3087.2 h 之间，其中兴海最少，为 2697.0 h。西宁地区年平均日照时数介于 2557.5～2650.2 h 之间，其中大通最少，为 2557.5 h。青海省年平均日照时数分布总的特征是青海省西部、北部多，东部、南部偏少。

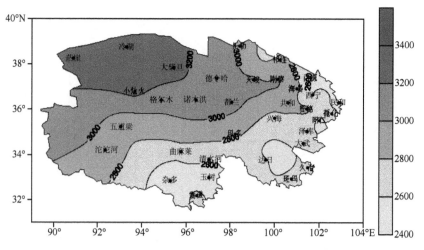

图 4.1　1971—2007 年青海省年平均日照时数分布图（单位：h）

2. 日照时数的时间变化特征

1) 日照时数的年变化

图 4.2 为 1971—2007 年青海省 9 个代表站(西宁、乐都、同仁、玛沁、玉树、格尔木、德令哈、共和、海晏)逐月平均日照时数变化图。9 个代表站月平均日照时数在 178.0～296.2 h 之间,大部分地区 5、8 和 11 月为日照时数相对高值期,月平均日照时数最高的月份基本出现在 5 月,只有果洛部分地区(玛多、久治、班玛)出现在 4 月,其中格尔木 5 月达到最高,为 296.2 h,2 月和 9 月是相对低值期,其中最低值出现在 9 月的同仁,为 178.0 h。

青海省各地的日照时数随季节的变化并不完全一致。春季(3—5 月)各地日照时数高值区集中在玉树、果洛、海北、海南和柴达木地区。夏季(6—8 月)主要集中在柴达木、海北和海东地区。秋季(9—11 月)主要集中在柴达木和海北地区。冬季(12—次年 2 月)主要集中在柴达木、海北和海南地区。

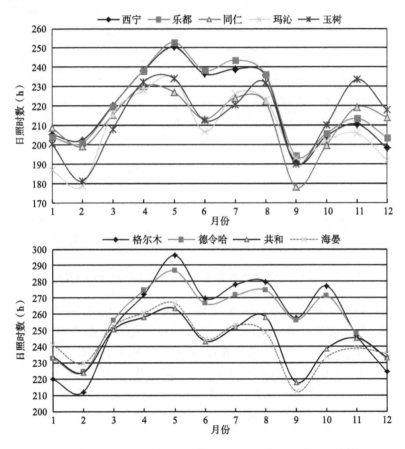

图 4.2　1971—2007 年青海省 9 个代表站逐月平均日照时数

2) 日照时数的年际变化

图 4.3 为青海省 1971—2007 年 7 个代表站(西宁、乐都、同仁、共和、德令哈、格尔木、玉树)逐年年日照时数变化图。可以看出,青海省总的趋势是年日照时数在减少。格尔木和共和站年日照时数分别以 28.2 和 1.81 h/10 a 速率在增加,只有共和通过了 0.05 的显著性水平检验;玉树、同仁、乐都、西宁和德令哈分别以 20.7、5.1、57.9、115.9 和 64.8 h/10 a 速率在减少,

乐都、西宁和德令哈减少趋势明显,通过了 0.01 的显著性水平检验,玉树和同仁等地变化趋势不显著。

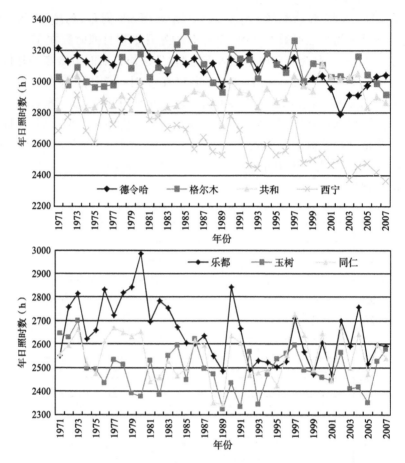

图 4.3　1971—2007 年青海省 7 个代表站年日照时数的逐年分布

从年代际变化特征来看(表 4.1),20 世纪 80 年代与 70 年代相比,年平均日照时数只有格尔木呈上升趋势,其余地区呈减少趋势,其中西宁和乐都减少最明显,分别减少 122.8 和 117.4 h/10 a。20 世纪 90 年代与 80 年代相比,同仁和共和年平均日照时数分别上升 60.8 和 83.7 h/10 a,西宁、乐都、德令哈、格尔木和玉树呈下降趋势,其中西宁、乐都下降趋势明显,分别下降 113.8 和 58.0 h/10 a。21 世纪前 7 年与 20 世纪 90 年代相比,年平均日照时数除乐都、共和略有增加外,其他地区均呈下降趋势,其中西宁、德令哈和格尔木下降幅度较大,分别减少122.0 h、149.2 h 和 88.0 h。

表 4.1　1971—2007 年青海省 7 个代表站各年代际年平均日照时数统计表(单位:h)

站　　名	西宁	乐都	同仁	共和	德令哈	格尔木	玉树
1971—1980	2795.4	2760.3	2601.5	2902.9	3180.7	3045.6	2520.3
1981—1990	2672.6	2642.9	2491.9	2865.5	3106.9	3125.1	2485.3
1991—2000	2558.8	2584.9	2552.7	2949.2	3096.1	3118.4	2483.6
2001—2007	2436.8	2603.5	2552.6	2964.2	2946.9	3030.4	2469.7

3. 日照时数百分率空间分布

图 4.4 为青海省年日照时数百分率分布图。青海省年日照时数百分率在 54.4%～78.0%之间,柴达木盆地是青海省日照时数百分率最大的地区,其余地区均在 70%以上,冷湖最高,达 78.0%。环青海湖大部、小唐古拉山、贵德和玛多年日照时数百分率在 65.0%～69.2%之间,是青海省的次大区。东部农业区大部、玉树大部、海南南部、祁连和泽库日照时数百分率在 60.0%～65.0%之间,属中等偏下地区。果洛大部、大通、湟中、民和、乐都、同仁、河南、门源、杂多和玉树日照时数百分率在 54.4%～58.9%之间,是青海省日照时数百分率较小的地区,其中久治日照时数百分率最小,仅为 54.4%。青海省日照时数百分率分布是自东南向西北逐渐增加,分布特征与太阳辐射能一致。

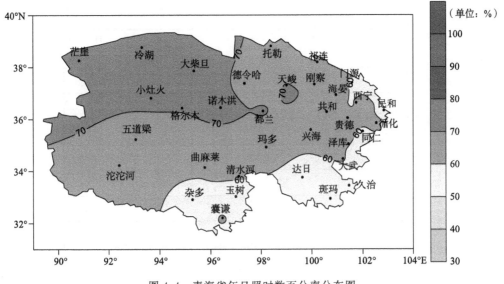

图 4.4　青海省年日照时数百分率分布图

4. 日照时数百分率的时间变化

1) 日照时数百分率的年变化

图 4.5 为 1971—2000 年青海省 9 个代表站(西宁、乐都、同仁、玛沁、玉树、格尔木、德令哈、共和、海晏)逐月平均日照时数百分率年变化特征图。9 个代表站月日照时数百分率在 43.4%～81.9%之间,大部分地区 1—4 月与 10—12 月为相对高值期,5—9 月为相对低值期。9 个代表站的最大值在 63.6%～81.9%之间,其中西宁、玉树较小,在 70%以下,柴达木盆地的格尔木、德令哈和共和达 80%以上,是日照时数百分率最大的地区,最大值除海晏出现在 1月外,其余地区均出现在 11 月。9 个代表站中月平均日照时数百分率最小值在 43.4%～58.3%之间,偏东的西宁、同仁、海晏和乐都出现在 9 月,而中西部的德令哈、格尔木、共和、玉树和玛沁出现在 6 月,西宁、玛沁和玉树在 50%以下,玛沁只有 43.4%,是月日照时数百分率最小的地区。从季节分析看出,10 月至次年 4 月,青海省大部分地区由于晴天多,云量少,导致月平均日照时数百分率偏大,5—9 月青海省处在主降雨期,晴天少,云量多,月日照时数百分率偏小。11 月至次年 2 月是年内日照时数百分率最高的时段,2 月以后日照时数百分率开始趋低直至 6—9 月达年内最低时段,9 月以后随着降水减少(云量减少)日照时数百分率迅速升高,直至 11 月达年内最高值。在最低时段的 6—9 月中 7、8 月大体上相对较高。尽管不同

站点有细微差别,但日照时数百分率各月变化一致,表现为冬半年高、夏半年低的特征。

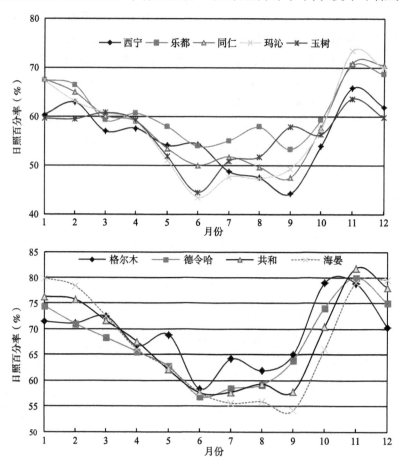

图 4.5　1971—2000 年青海省 9 个代表站逐月平均日照时数百分率年变化特征

2)日照时数百分率的年际变化

图 4.6 为 1971—2007 年青海省 9 个代表站(西宁、乐都、同仁、玛沁、玉树、格尔木、德令哈、共和、海晏)逐年年日照时数百分率变化图。在这 9 个代表站中,格尔木、共和和海晏年日照时数百分率分别以 0.03%/10 a、0.69%/10 a 和 0.84%/10 a 的速率增加,其中共和和海晏通过 0.01 显著性水平检验。西宁、德令哈、乐都、同仁、玛沁和玉树年日照时数百分率分别以 2.65%/10 a、1.39%/10 a、1.49%/10 a、0.10%/10 a、0.50%/10 a 和 0.45%/10 a 速率减少,其中西宁、德令哈和乐都通过 0.01 显著性水平检验,同仁、玛沁和玉树等地变化趋势不显著。

从年代际变化特征看出(表 4.2),20 世纪 80 年代与 70 年代相比,海晏、格尔木呈上升趋势,其余地区呈下降趋势。西宁和乐都下降速率较大,分别下降 2.8%/10 a 和 2.4%/10 a。20 世纪 90 年代与 80 年代相比,同仁、海晏、共和、玛沁上升 1.4%/10 a～2.0%/10 a(其中共和和海晏上升幅度最大,分别上升 1.9%/10 a 和 2.0%/10 a),玉树变化不大,而西宁、乐都、德令哈和格尔木则下降 0.1%/10 a～2.7%/10 a(其中西宁和乐都下降幅度较大,分别达 2.7%/10 a 和 2.5%/10 a,与 80 年代下降幅度一致)。21 世纪前 7 年,共和和乐都略有增加,同仁没有变化,其余地区均呈下降趋势,西宁、德令哈和玛沁下降幅度较大,分别达 2.7%/7 a、3.3%/7 a 和 4.1%/7 a。

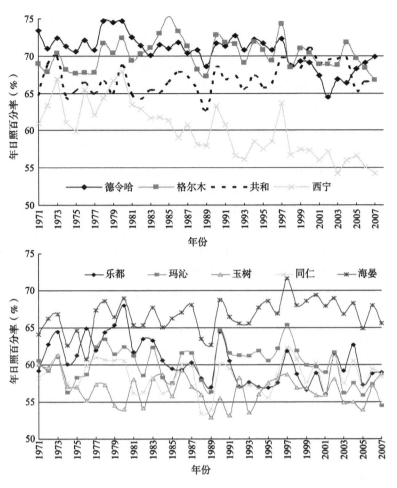

图 4.6 1971—2007 年青海省 9 个代表站年日照时数百分率逐年变化图

表 4.2 1971—2007 青海省 9 个代表站各年代日照时数百分率(单位:%)

站名	西宁	乐都	同仁	海晏	共和	德令哈	格尔木	玛沁	玉树
1971—1980	63.8	63.2	59.6	65.7	66.5	72.5	69.3	60.4	57.3
1981—1990	61.0	60.8	57.2	66.0	65.7	71.0	71.2	60.0	56.5
1991—2000	58.3	58.3	58.6	67.9	67.7	70.8	70.9	61.5	56.5
2001—2007	55.6	59.2	58.6	67.2	68.0	67.5	69.0	57.4	56.3

4.1.2 太阳辐射的时间变化特征

1. 总辐射的日变化

图 4.7 为青海省 3 个代表(格尔木、西宁、玉树)晴天和阴天两种状况下 1、7 月总辐射的日变化图。晴天和阴天两种状况下比较格尔木 1 月和 7 月总辐射的日变化(10 个晴天样本和 10 个阴天样本)。在晴天条件下,7 月份自太阳升起总辐射逐步增加,逐时增量随太阳高度角的增加而减小,至 13 时总辐射达到 3.80 MJ/m²,为全天最大值,此后总辐射逐渐减少,减少量随太阳高度角的减小而增加。1 月份总辐射的日变化形式与 7 月份相同,只是日出时间比 7 月

延迟,日落提前,因此总辐射时数相应比 7 月缩短 5 h。1 月份逐时总辐射比 7 月均小,最大值仍出现在 13 时,为 2.13 MJ/m²,仅为 7 月总辐射最大值的 56%。在阴天条件下,无论是 7 月还是 1 月,其日变化与晴天很相似,全天最大值仍出现在 13 时,7 月为 3.55 MJ/m²,1 月仅为 1.90 MJ/m²,只相当于 7 月的 53%。由于云层对总辐射(这里主要是直接辐射)的影响,阴天 1、7 月各时的总辐射均少于晴天,如 1 月 13 时总辐射只相当于晴天的 90%,7 月 13 时总辐射相当于晴天的 93%。

在晴天和阴天两种天空状况下,比较西宁 1 月和 7 月总辐射的日变化(1995 年和 1996 年合计 10 个晴天和 10 个阴天样本)。在晴天条件下,7 月份自 6 时起随太阳升起总辐射逐步增加,同样逐时增量随太阳高度角的增加而减少,11—14 时总辐射变化较小,13 时总辐射达到 3.52 MJ/m²,为全日最大值,此后总辐射逐渐减小,减小量随太阳高度角的变小而增加。1 月总辐射的日变化形式与 7 月份十分相似,日最大值也出现在 13 时,为 1.89 MJ/m²,由于日出时间比 7 月延迟,日落提前,不但总辐射时数比 7 月缩短 4 至 5 h,而且各时总辐射值均小于 7 月。在阴天条件下,1 月和 7 月各时总辐射值均小于晴天各时总辐射值,日变化与晴天很相似,只是全天最大值出现的时间比晴天提前 1 h,即出现在 12 时,其值 1 月为 1.63 MJ/m²,7 月为 2.62 MJ/m²。

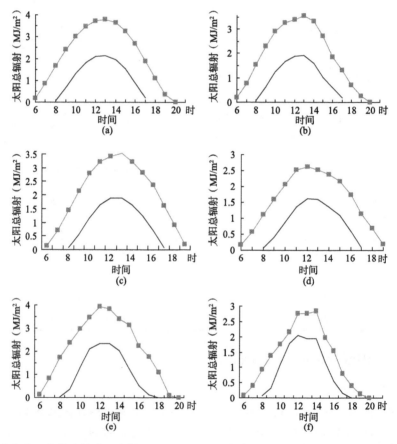

图 4.7　青海省 3 个代表站晴天和阴天状况下 1 月(细实线)和 7 月(黑方连线)太阳总辐射日变化
(a)格尔木晴天;(b)格尔木阴天;(c)西宁晴天;(d)西宁阴天;(e)玉树晴天;(f)玉树阴天

——— 1月　——■— 7月

比较玉树 1 月和 7 月总辐射的日变化曲线(1994、1995、1996 年合计 10 个晴天样本和 10 个阴天样本)。晴天、阴天两种状况下总辐射日变化形式与格尔木、西宁十分相似。只是在晴天条件下,玉树 7 月总辐射最大值出现在 12 时,达 3.93 MJ/m²,1 月总辐射最大值出现在 13 时,为 2.34 MJ/m²,仅为 7 月晴天的 59.5%。在阴天条件下,7 月 12—14 时辐射量十分接近,变化也较小,最大值出现在 14 时,达 2.83 MJ/m²。1 月 13—14 时辐射也很接近,日最大值出现在 12 时,其值为 2.04 MJ/m²。

在晴天状况下,1 月、7 月日最大值玉树比格尔木、西宁均大。在阴天状况下,1 月份日最大值仍是玉树大于格尔木、西宁两地。7 月则是格尔木最大,其次是玉树,最小是西宁。可以看出,西宁两种天空状况下,各月日最大值均比其他两地小。

2. 总辐射的年变化

图 4.8 为青海省 5 个代表站(格尔木、西宁、刚察、玛沁、玉树)总辐射逐月变化图。月总辐射西宁为单峰型,6 月达到最大值外,其余 4 站均为双峰型,月总辐射从 3 月开始急剧增加,5 月达峰值,6 月略有下降后,7 月又回升达次高值,9 月迅速下降,冬季 12 月和 1 月达最小值。格尔木 5—7 月、刚察 5 月实测总辐射均在 700 MJ/m² 以上,其中格尔木 5 月为 793.9 MJ/m²,是青海省月总辐射最高的地区,是 12 月和 1 月的 2 倍左右。从季节分析看出,太阳总辐射春季比秋季多,主要由于春季 3 月以后太阳逐渐直射北半球,北半球昼长夜短,秋季 9 月后太阳逐渐直射南半球,昼短夜长,加之秋季阴雨较多所致。总辐射主要集中在 4—8 月的 5 个月中,占年总辐射的 60% 以上。

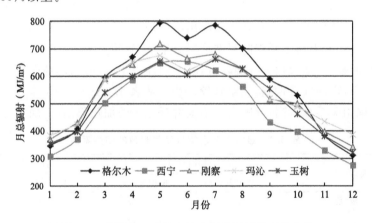

图 4.8 青海省 5 个代表站太阳总辐射的逐月变化

3. 总辐射的年际变化

图 4.9 为 1961—2007 年青海省 2 个代表站(格尔木、西宁)总辐射的年际变化曲线图。格尔木和西宁分别以每 10 年 24.41 MJ/m² 和 164.30 MJ/m² 的速率减少,西宁达到 0.001 显著性水平,呈明显减少的趋势,格尔木变化趋势则不明显。年总辐射年际变化幅度地区差异较大,格尔木年总辐射最大值 7316.2 MJ/m²,最小值为 6464.1 MJ/m²,最大值与最小值的差值只有 852.1 MJ/m²,年际变化相对较小。西宁年总辐射最大值为 6354.5 MJ/m²,最小值为 4513.1 MJ/m²,最大值与最小值的差值 1841.4 MJ/m²,年际变化相对较大。从图 4.9 还可看出,西宁 1981—1989 年、格尔木 1981—1984 年年总辐射处于低值期,这与 20 世纪 80 年代青海省的多雨期相对应。

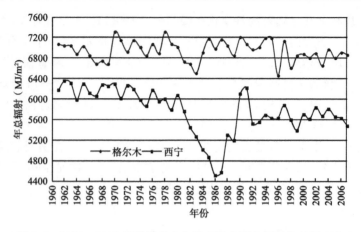

图 4.9　1961—2007 年青海省 2 个代表站太阳总辐射的年际变化

4.1.3　影响太阳辐射的相关气象要素分析

1. 影响日照时数的要素分析

由于气象要素之间存在着密切的相关性,为此分别计算了逐日各相关气象要素与日照时数的相关系数以及偏相关系数,表 4.3 为日气象要素值与日照时数的相关系数表。从表 4.3 可以看出,日照与各气象要素的相关较好,但实际影响日照的因素主要还是云量。在相关系数和偏相关系数计算中,总云量、低云量与日照存在着显著的负相关关系,气温日较差与日照存在较好的正相关,究其原因,气温日较差反映出的还是云量的关系。白天无云时,日照充分,太阳辐射较强,气温高,晚上由于辐射降温造成气温偏低,日较差大;白天有云时,由于云的遮蔽,太阳辐射到达地面较少,造成白天气温较低,晚上同样由于云的遮蔽,地面长波辐射被云吸收,辐射降温幅度较小,夜间气温偏高,气温日较差小。从表 4.3 还可看出,日照与地表温度的相关系数不高,但偏相关系数较高,反映出太阳辐射对地表的加热作用(王炳忠等,1974)。

表 4.3　日气象要素值与日照时数的相关系数

气象要素	日照时数(h)		日照时数百分率(%)	
	相关系数	偏相关系数	相关系数	偏相关系数
日平均总云量(成)	−0.613***	−0.3574	−0.724***	−0.4026
日平均低云量(成)	−0.516***	−0.2475	−0.634***	−0.2261
气温日较差(℃)	0.576***	0.2365	0.642***	−0.2247
日平均相对湿度(%)	−0.459***	−0.055	−0.518***	−0.1049
日平均气温(℃)	0.089**	−0.1432	−0.170***	−0.1315
日平均水汽压(hPa)	−0.223***	−0.0539	−0.420***	−0.0105
日平均风速(m/s)	0.070*	0.13	0.039*	0.0895
日平均气压(hPa)	0.040*	−0.1538	0.030*	−0.1041
日沙尘暴是否出现	−0.018	−0.0409	−0.024*	−0.0404
日白天降水量(mm)	−0.316***	−0.1397	−0.352***	−0.1406
日平均地表温度(℃)	0.164***	0.3477	−0.112***	0.2233

注:***表示通过 0.001 显著性水平检验,**表示通过 0.01 显著性水平检验,*表示通过 0.05 显著性水平检验。

日照时数的变化与许多因子有关。云量是决定日照时数变化的重要因子之一。大气透明度对日照时数也具有很大的影响。大气透明度是表征大气对太阳辐射透明度的一个参数,它受大气中的水汽含量以及大气气溶胶含量等因子影响。

日照时数与云量之间存在明显的负相关关系,相关系数为 -0.724,且通过了 0.001 的显著性检验。统计资料表明,那些对太阳光线有较强的阻挡和吸收作用的云层,能有效减小太阳光线的透过率,对地面日照时数减少的作用较强。日照时数与降水过程之间也存在明显的负相关关系,相关系数为 -0.352,且通过了 0.001 的显著性检验。资料的分析还表明,连续性的降水过程对日照时数的影响最大,而阵性降水的影响则相对较小。

2. 日照时数百分率的定义与影响日照时数百分率的要素分析

日照时数百分率是实际日照时间与天文可照时间(不考虑大气影响和地形遮蔽的最大可能日照时间)之比。可照时间的多少,直接影响到地表可获得太阳辐射能量的多少,进而影响到其他气象要素的空间分布。1919 年 Kimball 提出日照时数百分率与总辐射之间可能存在很好的关系,1922 年 Angstrom 提出用日照时数百分率计算总辐射的公式。因此,日照时数百分率成为研究太阳辐射能量的重要因子之一,它是准确计算太阳辐射的重要参考指标。

在日照时数百分率计算中,某地的天文可照时间相对固定,因此,实际日照时数就决定了日照时数百分率的大小。影响日照时数百分率的因子除与影响太阳实际日照时数的因素有关外,还与当地的地理纬度和太阳赤纬有关。

3. 影响太阳总辐射的主要气象要素分析

影响太阳辐射的因子主要有 4 种(谭冠日,1985):(1)天文因子,包括日地距离和太阳赤纬;(2)地理因子,包括测站的纬度和海拔高度;(3)大气物理因子,包括纯大气消光、大气中水汽含量和大气浑浊度(包括波长指数和浑浊度系数)等;(4)气象因子,包括天空总云量和日照时数(日照时数百分率)。其中,天文因子与辐射的关系不言而喻;地理因子中的纬度,实际影响到的是太阳赤纬,海拔高度反映的是大气的厚度;大气物理因子反映的是水汽以及气溶胶等对辐射的吸收、漫射等作用;气象因子反映的是天空遮蔽状况。近几年国内外在太阳辐射研究领域取得了一些研究成果,申彦波等(2010)认为:在影响地面太阳辐射变化的众多因素中,气溶胶的变化与之有较好的反相关关系,但目前的研究尚不能给出明确的结论,同时也不能据此而否认云的变化对地面太阳辐射的重要影响;在 20 世纪 90 年代之后一些区域的"变亮"过程有可能是由于云量减少和大气透明度增加共同造成的;其他影响因子的变化,如水汽、大气的气体成分、太阳活动和城市化等则不会对地面太阳辐射的变化产生太大的影响或其影响的程度尚不明确,还有待进一步的研究。由于缺乏大气气溶胶、太阳活动和城市化等资料,本项研究仅通过对青海省 5 个辐射观测站、5 个临时观测点的日总辐射与晴空辐射的比值与气象要素进行相关分析,探讨云和水汽对太阳总辐射的影响。

表 4.4、表 4.5 分别为 1961—2007 年格尔木和西宁的月总辐射与气象要素之间的相关统计表,从中可以看出,月太阳总辐射与日照时数、总云量、水汽压、相对湿度、蒸发量、气温日较差和低云量等因素的相关较好,其相关系数值超过 0.05 显著性水平检验的月份达到了 8 个月以上。其中,格尔木总辐射与日照、总云量、水汽压、低云量、相对湿度和蒸发量等因素相关较好。西宁总辐射与日照、总云量、日较差、水汽压、蒸发量和风速等因素相关较好。日照、总云量与两地总辐射的相关性均为最好,相关系数通过 0.05 显著性水平检验的月份达到了 12 个月。

表 4.4　1961—2007 年格尔木月总辐射与气象要素之间的相关系数统计

项目 ＼ 月	1	2	3	4	5	6	7	8	9	10	11	12
日照时数（h）	0.713	0.823	0.683	0.751	0.719	0.78	0.518	0.814	0.855	0.784	0.717	0.754
总云量（成）	−0.61	−0.65	−0.72	−0.71	−0.5	−0.48	−0.46	−0.71	−0.65	−0.61	−0.31	−0.38
水汽压（hPa）	−0.47	−0.29	−0.21	−0.43	−0.6	−0.63	−0.39	−0.66	−0.51	−0.63	−0.44	−0.44
低云量（成）	−0.41	−0.22	−0.21	−0.28	−0.47	−0.25	−0.35	−0.52	−0.36	−0.62	−0.52	−0.56
相对湿度（%）	−0.26	−0.22	−0.25	−0.57	−0.69	−0.76	−0.59	−0.77	−0.66	−0.6	−0.36	−0.15
蒸发量（mm）	0.259	−0.05	0.139	0.191	0.338	0.475	0.361	0.375	0.452	0.437	0.438	0.504
降水量（mm）	−0.23	−0.07	0.072	−0.15	−0.46	−0.51	−0.46	−0.64	−0.41	−0.36	−0.08	−0.17
气压（hPa）	0.523	0.429	0.36	0.414	0.254	0.204	−0.1	0.337	−0.05	0.034	0.442	0.184
平均气温（℃）	−0.31	−0.23	−0.14	0.161	0.359	0.442	0.331	0.168	0.164	−0.13	−0.06	−0.37
气温日较差（℃）	0.299	0.138	0.256	−0.04	0.074	0.293	0.415	0.152	0.165	0.109	0.197	0.567
风速（m/s）	−0.02	−0.19	−0.05	0.024	0.016	0.116	0.001	0.192	0.138	0.124	0.366	0.465

注：表中 ±0.29～±0.32，±0.33～±0.45，±0.46～±0.86 的数据分别通过了 0.05，0.01，0.001 的显著性水平检验。

表 4.5　1961—2007 年西宁月总辐射与气象要素之间的相关系数统计

项目 ＼ 月	1	2	3	4	5	6	7	8	9	10	11	12
日照时数（h）	0.568	0.526	0.603	0.578	0.631	0.869	0.693	0.733	0.77	0.561	0.572	0.73
总云量（成）	−0.49	−0.48	−0.67	−0.54	−0.57	−0.65	−0.49	−0.69	−0.7	−0.52	−0.44	−0.6
气温日较差（℃）	0.53	0.444	0.521	0.571	0.529	0.703	0.451	0.542	0.567	0.399	0.351	0.493
蒸发量（mm）	0.287	0.203	0.494	0.448	0.586	0.611	0.584	0.679	0.63	0.438	0.395	0.297
风速（m/s）	0.252	0.089	0.316	0.309	0.344	0.358	0.297	0.495	0.278	0.195	0.309	0.355
相对湿度（%）	−0.02	0.013	−0.25	−0.19	−0.41	−0.55	−0.36	−0.56	−0.53	−0.22	−0.19	0.011
水汽压（hPa）	−0.14	−0.25	−0.19	−0	−0.31	−0.52	−0.04	−0.41	−0.41	−0.25	−0.25	−0.25
降水量（mm）	−0.22	−0.12	−0.08	−0.03	−0.38	−0.6	−0.01	−0.28	−0.52	−0.08	−0.01	−0.32
平均气温（℃）	−0.18	−0.28	0.165	0.293	0.257	0.19	0.441	0.397	0.325	−0.03	−0.07	−0.23
低云量（成）	0.16	−0.2	−0.27	−0.16	−0.4	−0.26	−0.18	−0.53	−0.41	−0.13	−0.05	0.114
气压（hPa）	0.233	0.287	0.221	0.055	−0.02	0.088	−0.11	0.328	0.07	0.031	0.181	0.174

注：表中 ±0.29～±0.32，±0.33～±0.45，±0.46～±0.87 的数据分别通过了 0.05，0.01，0.001 的显著性水平检验。

表 4.6 为日总辐射与晴空辐射的比值和气象要素相关系数，从中可以看出：影响日总辐射与晴空辐射的比值的因子主要是日照时数百分率；日平均地表温度与该比值呈显著正相关，主要反映的还是太阳辐射对地表的加热作用；与总云量和低云量的相关系数很高，但偏相关系数却相当低，说明总云量和低云量对该比值的作用实际上是通过影响日照时数百分率造成的；平均气温与该比值的正相关关系，尚不能很好地解释。

表 4.6　日总辐射/晴空辐射与日气象要素值的相关系数

气象要素	相关系数	偏相关系数
日白天降水量(mm)	−0.333***	−0.1384
日平均低云量(成)	−0.451***	0.0520
日平均地表温度(℃)	0.010	0.3022
日平均风速(m/s)	0.037	0.0078
日平均气温(℃)	−0.057	−0.2950
日平均气压(hPa)	0.012	0.0840
日平均水汽压(hPa)	−0.301***	−0.0199
日平均相对湿度(%)	−0.517***	0.0387
日平均总云量(成)	−0.671***	−0.0099
气温日较差(℃)	0.768***	0.1431
日日照时数百分率(%)	0.931***	0.3130
日日照时数(h)	0.903***	−0.0045

注:＊＊＊表示通过 0.001 的显著性水平检验。

4.1.4　太阳辐射推算模型的建立

1. 年/月总辐射推算模型的建立

太阳能资源一般以年总辐射量和年日照时数来衡量。地球表面所获得的太阳辐射(直接辐射和散射辐射之和)称为总辐射,它是反映各地太阳能资源的基本数量。青海省实测的太阳辐射资料比较缺乏,仅西宁、格尔木、玉树、刚察和玛沁有实测记录,其余各地的总辐射量可采用公式计算得到。

有关研究表明,目前计算总辐射量较好的公式是:$Q = Q_0(a + bS)$(式中 Q 为总辐射量,Q_0 为计算点所在等压面理想大气条件下总辐射量,a、b 为回归系数,S 为日照时数百分率)(祝昌汉,1982)。在具体计算中,根据祝昌汉《再论总辐射的气候学计算方法》一文,在选配回归方程时,以 1 月作为时段配置相关关系(即逐年法)最为密切,因此本文将西宁、格尔木、玉树、刚察和玛沁 1993—2007 年的总辐射量和年日照时数百分率作为样本进行相关分析,求出 a、b 值,建立 5 个站的回归方程,同时利用 5 个站 a、b 系数为 5 个地区的样本值(表 4.7),再以相邻各站 Q_0 和日照时数百分率值计算各站的月、年总辐射量。青海省年总辐射空间分布见图 4.10。

表 4.7　1993—2007 年青海省辐射观测站各月 a、b 和 Q_0 计算值

站名	项目	1	2	3	4	5	6	7	8	9	10	11	12
格尔木	a	0.467	0.461	0.279	0.200	0.429	0.360	0.262	0.301	0.151	0.555	0.522	0.445
	b	0.004	0.004	0.006	0.007	0.004	0.005	0.006	0.006	0.008	0.002	0.003	0.004
	Q_0	485.3	570.0	824.6	976.5	1132.7	1145.1	1157.7	1058.7	869.0	703.4	513.2	444.8

续表

站名	项目	1	2	3	4	5	6	7	8	9	10	11	12
西宁	a	0.297	0.488	0.283	0.334	0.367	0.270	0.222	0.253	−0.009	−0.207	0.449	−0.052
	b	0.005	0.002	0.005	0.004	0.004	0.005	0.006	0.006	0.011	0.014	0.003	0.010
	Q_0	489.6	575.8	830.0	980.3	1135.0	1146.5	1159.5	1061.6	873.6	709.7	519.9	451.8
玉树	a	0.596	0.387	0.610	0.429	0.390	0.403	0.114	0.026	0.183	0.401	0.540	0.433
	b	0.001	0.004	0.000	0.003	0.003	0.003	0.009	0.011	0.008	0.004	0.002	0.003
	Q_0	556.9	629.8	879.3	1012.9	1153.6	1156.7	1173.3	1087.9	914.5	765.0	580.2	516.0
玛沁	a	0.504	0.320	0.457	0.359	0.323	0.212	−0.187	−0.197	0.433	0.209	0.722	0.640
	b	0.003	0.006	0.003	0.005	0.005	0.007	0.016	0.015	0.003	0.007	0.001	0.002
	Q_0	530.4	608.4	861.7	1004.0	1152.3	1159.5	1174.4	1082.4	901.1	743.9	555.5	489.0
刚察	a	0.695	0.796	0.728	0.316	0.519	0.352	0.338	0.228	0.284	0.299	0.735	0.559
	b	0.001	0.000	0.000	0.005	0.002	0.004	0.004	0.006	0.005	0.006	0.001	0.003
	Q_0	472.4	559.0	816.0	973.2	1134.0	1148.9	1160.5	1058.2	862.4	692.6	500.3	430.7

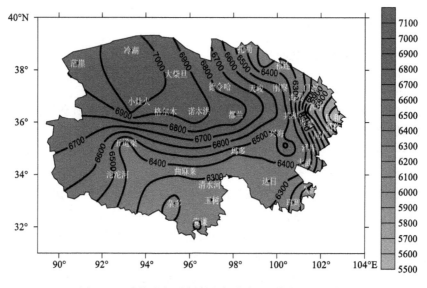

图 4.10　青海省年总辐射空间分布图（单位：MJ/m²）

2. 日总辐射推算模型的建立

现在常见的日总辐射推算模型有 3 种：

（1）利用日日照时数百分率计算逐日总辐射。逐日总辐射利用 Angtronr Prescott 方程计算，公式如下：

$$H = HL \times (a + b \times S) \tag{4.1}$$

式中，H 为逐日总辐射，HL 为晴天状态下的日总辐射，S 为日照百分率，a 和 b 为经验参数，一般根据总辐射实测值回归模拟得到。

（2）利用日日照时数（百分率）、日平均气温、气温日较差、日水汽压和日降水量等多种气象要素计算逐日总辐射。

（3）利用地理要素（海拔高度）和气象资料相结合计算逐日总辐射。

根据对以上三种推算模型计算结果的比较，发现第二种计算方式拟合度最高，但各站点拟合公式选取的气象要素并不一致，不适合推算到其余区域，并且缺乏比较性，在此，本文选取第一种推算方式。

利用（4.1）式分别拟合5个太阳辐射站和5个临时观测点的日总辐射（表4.8），这10个观测站点拟合公式的复相关系数在0.867～0.948之间，全部通过0.001显著性水平检验。a和b系数值的差异也不明显。全部资料得出的拟合公式复相关系数也相当高，达0.913。从以上结果看出，第一种拟合方法结果相当好，完全可用于推算青海省各地区的日总辐射量。

表4.8　青海省各辐射站点日总辐射拟合公式及复相关系数

台站	拟合公式	复相关系数
茫崖	$Q=Q_0(0.222+0.546S)$	0.867
德令哈	$Q=Q_0(0.189+0.603S)$	0.918
民和	$Q=Q_0(0.222+0.528S)$	0.940
贵南	$Q=Q_0(0.173+0.646S)$	0.935
沱沱河	$Q=Q_0(0.232+0.534S)$	0.829
刚察	$Q=Q_0(0.227+0.567S)$	0.948
格尔木	$Q=Q_0(0.276+0.512S)$	0.921
西宁	$Q=Q_0(0.235+0.514S)$	0.930
玉树	$Q=Q_0(0.230+0.577S)$	0.923
玛沁	$Q=Q_0(0.259+0.547S)$	0.868
全部	$Q=Q_0(0.239+0.549S)$	0.913

4.2　风能资源评估

4.2.1　基于气象站资料的风能资源分析与评估

1. 风向和风速特征及其时间变化

1）风向和风速

青海省的主导风向，海西州大部分地方为偏西风，但冷湖和德令哈为偏东风，香日德和都兰为东南风。唐古拉山和玉树州以西风为主。果洛州境内主导风向较为为凌乱，玛多和久治多东北风，大武和班玛多偏北风，达日多西风。海北州的托勒西北风多，刚察北风为主，祁连多东南风，门源多东风。海东地区东南风为主，湟中多偏南风，湟源多东风。黄南州多东北风，泽库多西北风。海南南部西北风多，北部的共和以北风为主，江西沟受青海湖水体和山脉影响（山谷风与海湖陆风叠加）以南风为主（汪青春，2008）。图4.11和图4.12分别为茶卡和沱沱河站1971—2002年1、4、7、10月和全年风向玫瑰图。

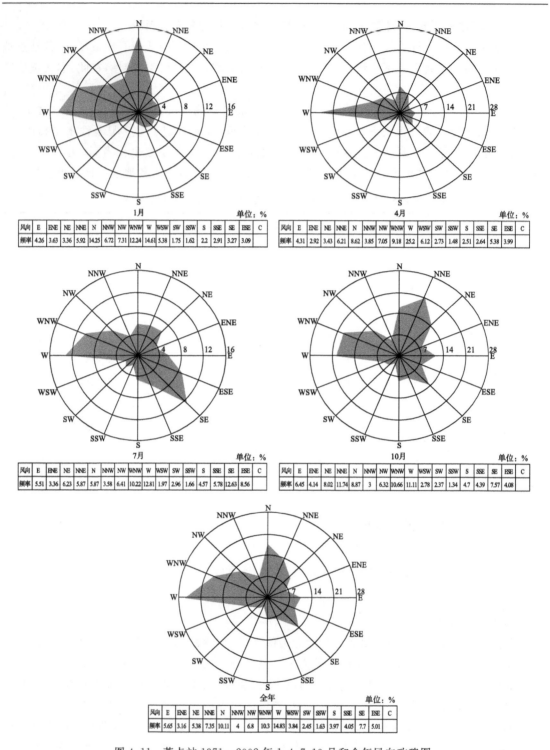

风向	E	ENE	NE	NNE	N	NNW	NW	WNW	W	WSW	SW	SSW	S	SSE	SE	ESE	C
频率	4.26	3.63	3.36	5.92	14.25	6.72	7.31	12.24	14.61	5.38	1.75	1.62	2.2	2.91	3.27	3.09	

1月　　　　　　　　　　　　　　　单位：%

风向	E	ENE	NE	NNE	N	NNW	NW	WNW	W	WSW	SW	SSW	S	SSE	SE	ESE	C
频率	4.31	2.92	3.43	6.21	8.62	3.85	7.05	9.18	25.2	6.12	2.73	1.48	2.51	2.64	5.38	3.99	

4月　　　　　　　　　　　　　　　单位：%

风向	E	ENE	NE	NNE	N	NNW	NW	WNW	W	WSW	SW	SSW	S	SSE	SE	ESE	C
频率	5.51	3.36	6.23	5.87	5.87	3.58	6.41	10.22	12.81	1.97	2.96	1.66	4.57	5.78	12.63	8.56	

7月　　　　　　　　　　　　　　　单位：%

风向	E	ENE	NE	NNE	N	NNW	NW	WNW	W	WSW	SW	SSW	S	SSE	SE	ESE	C
频率	6.45	4.14	8.02	11.74	8.87	3	6.32	10.66	11.11	2.78	2.37	1.34	4.7	4.39	7.57	4.08	

10月　　　　　　　　　　　　　　单位：%

风向	E	ENE	NE	NNE	N	NNW	NW	WNW	W	WSW	SW	SSW	S	SSE	SE	ESE	C
频率	5.65	3.16	5.38	7.35	10.11	4	6.8	10.3	14.83	3.84	2.45	1.63	3.97	4.05	7.7	5.01	

全年　　　　　　　　　　　　　　单位：%

图 4.11　茶卡站 1971—2002 年 1、4、7、10 月和全年风向玫瑰图
c 表示静风

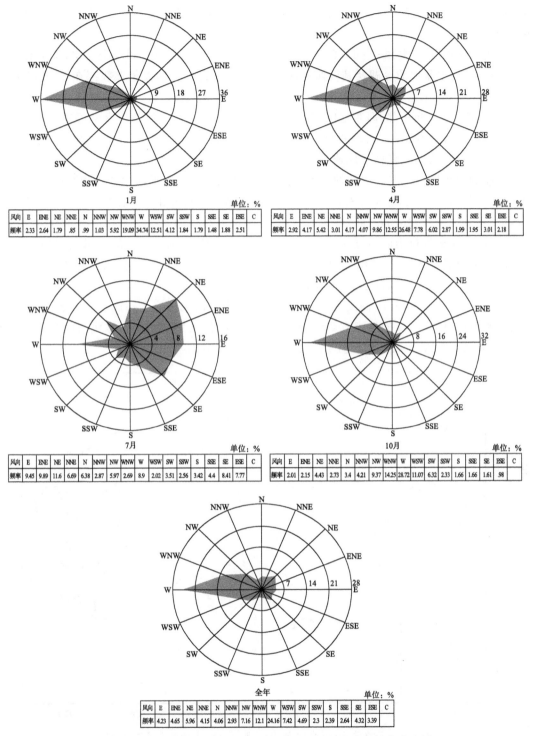

风向	E	ENE	NE	NNE	N	NNW	NW	WNW	W	WSW	SW	SSW	S	SSE	SE	ESE	C
频率	2.33	2.64	1.79	.85	.99	1.03	5.92	19.09	34.74	12.51	4.12	1.84	1.79	1.48	1.88		2.51

风向	E	ENE	NE	NNE	N	NNW	NW	WNW	W	WSW	SW	SSW	S	SSE	SE	ESE	C
频率	2.92	4.17	5.42	3.01	4.17	4.07	9.86	12.55	26.48	7.78	6.02	2.87	1.99	1.95	3.01		2.18

风向	E	ENE	NE	NNE	N	NNW	NW	WNW	W	WSW	SW	SSW	S	SSE	SE	ESE	C
频率	9.45	9.89	11.6	6.69	6.38	2.87	5.97	2.69	8.9	2.02	3.51	2.56	3.42	4.4	8.41		7.77

风向	E	ENE	NE	NNE	N	NNW	NW	WNW	W	WSW	SW	SSW	S	SSE	SE	ESE	C
频率	2.01	2.15	4.43	2.73	3.4	4.21	9.37	14.25	28.72	11.07	6.32	2.33	1.66	1.66	1.61		.98

风向	E	ENE	NE	NNE	N	NNW	NW	WNW	W	WSW	SW	SSW	S	SSE	SE	ESE	C
频率	4.23	4.65	5.96	4.15	4.06	2.93	7.16	12.1	24.16	7.42	4.69	2.3	2.39	2.64	4.32		3.39

图 4.12 沱沱河站 1971—2002 年 1、4、7、10 月和全年风向玫瑰图
c 表示静风

青海省年平均风速在 1.0～5.1 m/s 之间。风速最大的地区是柴达木盆地和唐古拉山,年均风速在 4.0 m/s 以上,其中茫崖为 5.1 m/s,伍道梁为 4.5 m/s。祁连山区到青海湖之间风

速一般在 3~4 m/s,泽库与循化超过 3 m/s。年平均风速最小的地区是玉树州府所在地结古镇,只有 1.1 m/s。

唐古拉山的年均大风(≥17.2 m/s)日数 150 d 以上,其中五道梁达 136.3 d,沱沱河 168.2 d。柴达木盆地的冷湖及其以西地区、祁连山区至青海湖的大风日数都在 50 d 以上,其中茫崖 124.6 d。果洛州中部的大武至达日间年均 75 d 以上,达日 81 d。玉树州大风日数年均不到 40 d。海北州东部、海东地区、黄南州泽库以北、海南州的贵德与贵南等地年均大风日数均在 30 d 以内,其中尖扎、民和只有 4~5 d。青海省全年冬春季风速大(其中春季风速最大,在 2~6 m/s 之间),夏秋季风速小。

风能的大小取决于空气运动的速度,也就是风速的大小。根据国内外风能利用经验,年平均风速达到 3 m/s 以上地区的风能就有开发价值。青海省除东北部、东南部少数山川和河谷地区外,辽阔的青海省南部高原、柴达木盆地、疏勒山区和环湖地区年平均风速均在 3 m/s 以上,盆地西部和唐古拉山区超过 5 m/s。此外,青海省风速≥17.2 m/s 的大风出现频繁,大部分地区年大风日数都在 50 d 以上,其中,柴达木盆地西部、青海省南部高原西部和疏勒山区超过 100 d,特别是唐古拉山区达 150 d 以上,为我国同纬度之冠。

图 4.13 是青海省 10 m 高度 50 年一遇 10 min 平均最大风速分布图。青海省 50 年一遇最大风速值超过 30 m/s 的站点有 7 个,分别是沱沱河、伍道梁、冷湖、诺木洪、江西沟、河南和察尔汗,50 年一遇最大风速最大值出现在沱沱河,为 35.0 m/s。

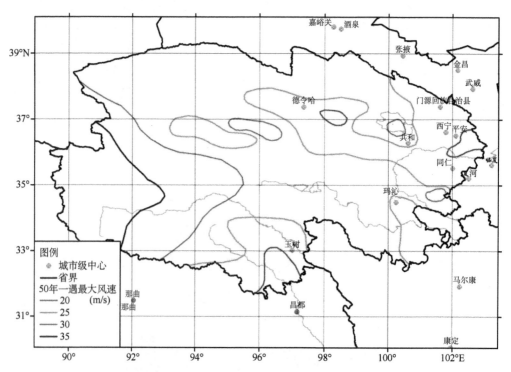

图 4.13 青海省 10 m 高度 50 年一遇 10 min 平均最大风速分布图

2)风速的时间变化

风速随时间变化造成风能的不稳定性。分析风速的时间变化规律,对评价风能资源的稳定性必不可少。

（1）风速日变化

风速具有明显的日变化规律,通常是午后大,午夜至清晨小。日最大风速多出现在 15—17 时,日最小风速在日出前后(图 4.14)。这种规律晴天较阴天明显,但遇有强烈天气系统过境时,常被扰乱和掩盖。各地风速曲线不但位相(最大和最小的出现时间)不同,而且振幅(最大和最小之差)也相差甚大。对于风力机械有效地利用风能来讲,风速值愈大、日变幅愈小愈有利。

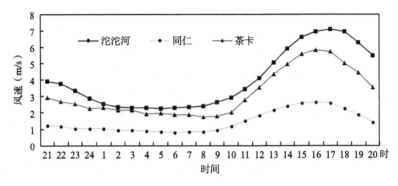

图 4.14　沱沱河、茶卡和同仁站风速日变化

（2）风速年变化

形成风速年变化的因素比较复杂,年变化曲线也不尽相同。青海省大部分地区的年最大风速出现在春季(3—5 月),但柴达木盆地中部和玉树州西部等局部地区却分别出现在 6 月和2 月。柴达木盆地、海北州、海南和黄南两州北部以及西宁地区年最小风速出现在冬季(12—1月),其余地区出现在夏秋季。图 4.15 是沱沱河月平均风速年变化图,图 4.16 是沱沱河月大风日数和最大风速的年变化图。

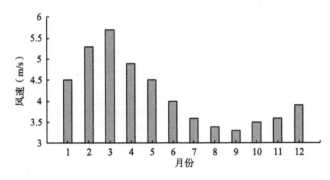

图 4.15　沱沱河月平均风速年变化

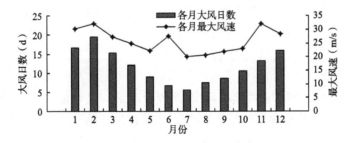

图 4.16　沱沱河月大风日数和最大风速的年变化

（3）风的阵性

风的阵性指风向摇摆不定、风速时大时小的现象。风的阵性也有其变化规律，通常午后风的阵性最大，一年之中夏季较为明显。近地面层的风一般都具有阵性，风能自然也时起时伏，不断变化，而风机的输出功率也必然忽大忽小地波动。

（4）风速的年际变化

为了分析逐年之间风能资源的稳定性，还必须掌握风速年际变化规律。图 4.17 是沱沱河地区 1971—2002 年 1、4、7、10 月及年的平均风速年际变化曲线，可以看出，沱沱河地区风速在逐年减少。就四季（以 4、7、10 和 1 月分别代表春、夏、秋、冬四季）变化来看，都呈减小趋势，冬季最明显，春季次之，夏秋两季减小较为平缓。年平均风速的年际变化特征为：20 世纪 70 年代一直在减少，80 年代末呈增加趋势，1988 年达到最大，为 5.0 m/s，90 年代逐渐减少。风速逐年减少的变化趋势在各站点中存在着普遍性。

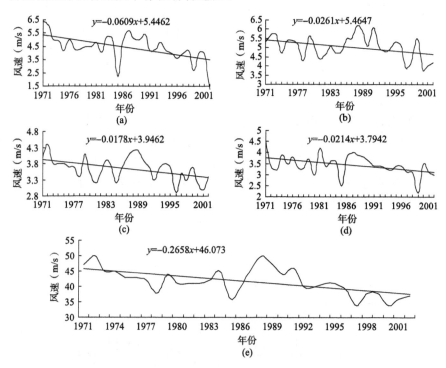

图 4.17　沱沱河地区 1971—2002 年 1 月（a）、4 月（b）、7 月（c）、10 月（d）及全年的平均风速年际变化曲线

3）风速的频率分布

为了全面反映风速的变化规律和准确地进行风能潜力计算，必须掌握风速频率分布的状况。采用直接计算的办法，对青海省各气象台站的风速资料逐时进行统计分析，结果表明，青海省各地风速频率分布曲线可以归纳为两种类型：

（1）铃型分布曲线

青海省多数地区风速频率曲线呈单峰型，曲线中部最高是峰值区，向两侧伸展曲线降低，形似铃型（图 4.18）。但铃型频率曲线并不对称，向高风速区拖尾，均值在众值之右，属于正偏态分布。曲线左端与纵轴（零值）相交，右端以横轴为渐近线。频率曲线的偏度和峰度与当地的平均风速有关，风速小的地区，曲线陡峭，峰形高耸，峰值靠近零值，表明风速频率集中在低值区,可利用风速出现时间少,风速大的地区,曲线较平缓,峰值向右推移,即曲线的峰度和偏度均减小,表明风频分散,较大风速出现机会多,意味着可利用风速时间长,风能利用条件好。

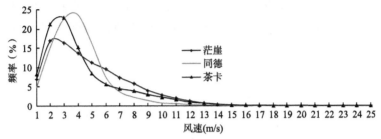

图 4.18　铃形风速频率分布曲线

(2)"乙"字型分布曲线

青海省部分地区风速频率分布曲线是单调下降型。在零值附近频率最大,是曲线峰值区(众值就是曲线起点),向右伸展,频率减少,曲线下降,似"乙"字形(图 4.19)。该类型静风和小风频率特多,属于风能资源贫乏地区,一般风能开发利用价值较小,如玉树州的结古和黄南州的同仁等闭塞小盆地或河谷地区,但是也有些地区风速频率也属"乙"字型分布,由于风频分布较匀称,不集中在零值附近,所以仍有开发价值,如曲麻莱等地。

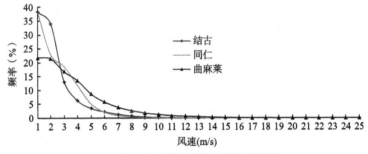

图 4.19　"乙"字型风速频率分布曲线

2. 风能资源的空间分布和时间变化

像地下矿藏资源分为地质储量和可采储量一样,风能资源也有总贮量和可用贮量之分(王玉玺,1993)。将一地区出现的所有各级风速产生的风能总和称为风能总贮量,而将能够被风力机所截获和提取的那一部分能量称为可用风能贮量。

一般风力机有 3 个风速指标:起动风速 V_0,额定(或最佳)风速 V_1 和截止(或极限)风速 V_2。V_0 是使风力机风轮开始转动的风速,当风速 $V < V_0$ 时,风力机不能运转,当风速 $V > V_2$ 时,风力机结构会受到损坏,要刹车停机。只有在 $V_0 \sim V_2$ 范围内的风速才是推动风力机运转,对风力机发生有效作用的风速。所以,将起动风速至截止风速之间的风速称为可用风速(或有效风速),并将由此产生的风能称为可用风能(或有效风能)。

V_0、V_1 和 V_2 指标风速值随不同类型的风力机而异。同一个风速资料序列对不同型号的风力机能得出不同的可用风能值。为了对各地风能资源进行比较,必须规定统一的起动风速(V_0)和截止风速值(V_2)。目前国内多采用 $3 \sim 25$ m/s 风速的风能为可用风能,因此,计算自然风能资源时,是把 $3 \sim 25$ m/s 范围内的所有风速值所产生的风能总和。计算结果只是表示风能潜力的一种指标,而并不代表具体风力机所能利用的实际风能量。

在分析研究风能资源的特征和潜力时,国内外都采用"风能密度"这个指标值(薛桁等,2001)。所谓风能密度,是指在单位时间内通过单位截面积的空气流(风)所具有的动能,单位是 kW/m²。这里需要指出,高海拔地区空气密度小(表 4.9),在同样风速条件下产生的风能密度较低海拔地区小。如风速 20 m/s,在海平面可产生风能密度 4.902 kW/m²,而在海拔 4000 m 处只能产生 3.208 kW/m²,后者较前者低 35%。

表 4.9　海拔高度和空气密度对风能的影响

海拔高度(m)	0	1000	2000	3000	4000	4200	4400	4600	4800	5000
空气密度(kg/m³)	1.236	1.096	0.990	0.892	0.802	0.785	0.768	0.752	0.735	0.719
风能减少百分数(%)	0	11	19	27	35	36	37	39	40	41

1)风能可用时间的空间分布和时间变化

有风出现,即有风能产生,但是,只有可用风速(3~25 m/s)所产生的风能才对风力机起作用。把 3~25 m/s 风速出现的累积时间(即风力机的作业时间),称为风能可用时间。

(1)风能可用时间的空间分布

青海省境内风能可用时间地理分布的特点是:西部多,东部少。青海省南部高原西部、柴达木盆地以及环湖地区,风能可用时间频率都在 50% 以上,全年时数超过 4000 h。

茫崖、伍道梁和察尔汗风能可用时间频率在 60% 以上,时数分别达 4820 h、5213 h 和 5380 h。海东地区以及玉树和果洛两州南部少数谷地,风能可用时间频率小于 30%,全年时数小于 2500 h,但这类地区面积很小,不足青海省面积的 10%。图 4.20 是青海省年平均风能可用时间分布图。

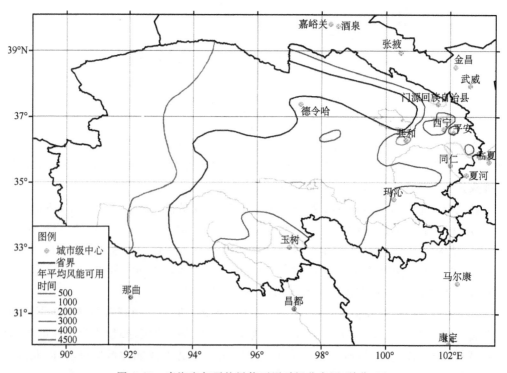

图 4.20　青海省年平均风能可用时间分布图(单位:h)

(2)风能可用时间的时间变化

风能可用时间有明显的日变化和年变化规律。一日之中,午夜至清晨风能可用时间少,午后至傍晚风能可用时间多。对风能利用而言,以出现时间长、相对变化小为好,这样风机连续作业时间长,风能稳定性好。

一年之中各月的风能可用时间是不相同的。以风能可用时间频率表示,频率最多的月份,冷湖、察尔汗和玛多出现在6—7月,伍道梁出现在1月,其余地区均出现在3—5月;频率最少的月份,盆地西部、果洛州西部、黄南和海北两州以及环青海湖地区都出现在11—1月,其余地区出现在8—9月。风能可用时间频率高、相对变化小,对风能利用有利。

逐年之间风能可用时间不尽相同,称之为年际变化。对一地来讲,风能可用时间的年际变化一般都很小,因此风力机的作业时间每年都能维持在一定水平上。

2)年平均风功率密度的空间分布和时间变化

(1)年平均风功率密度的空间分布

可用风能的空间分布与风速的空间分布相对应。风能贮量最大地区也在柴达木盆地、青海省南部高原西部和环湖地区,其中唐古拉山区的沱沱河年平均风功率密度高达104.9 W/m²,伍道梁达95.6 W/m²。柴达木盆地的冷湖、察尔汗和茫崖年平均风功率密度均在80 W/m²以上。青海湖西南部的茶卡和江西沟年平均风功率密度在65 W/m²左右。风能贮量最小地区在海东地区以及玉树和果洛两州的东南部河谷地带,年风功率密度小于30 W/m²(图4.21)。

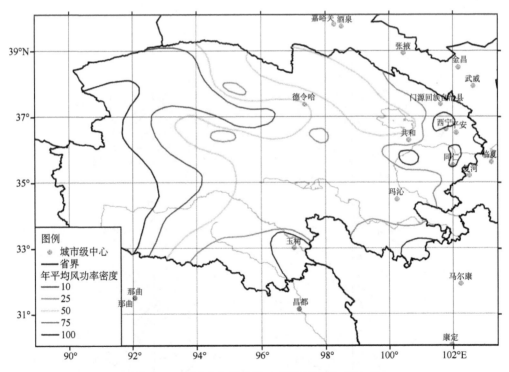

图4.21　青海省年平均风功率密度(单位:W/m²)

(2)年平均风功率密度的时间变化

虽然空气密度的改变会影响风能,但就一地而言,空气密度的量级变化很小,对风能的影响很小。青海省风能的时间变化主要是由风速的时间变化决定的。青海省风能的日变化、年变化都比较明显,其变化趋势与风速变化趋势相一致。

3. 风能方向频率分布

图 4.22 和图 4.23 分别是青海省主要台站年风向频率分布图和青海省 4 个代表站(茫崖、

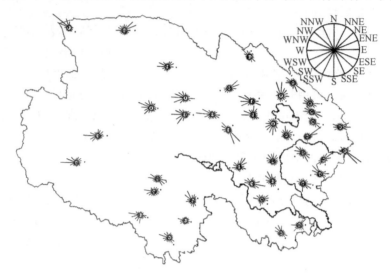

图 4.22　青海省主要气象台站年风向频率分布

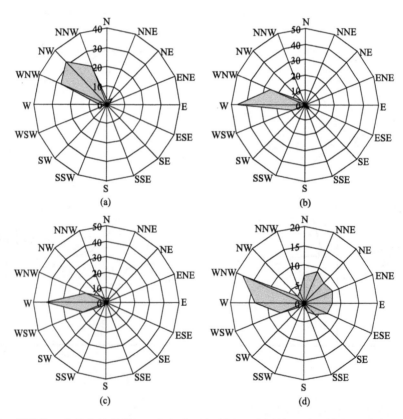

图 4.23　青海省 4 个代表站茫崖(a)、茶卡(b)、沱沱河(c)和同德(d)年风能方向频率(单位:%)

茶卡、沱沱河、同德)年风能方向频率。由图看出,青海省风能方向频率比较集中,主要集中在西风偏北方向上,其他方向上的频率相对较小。如茫崖站 WNW、NW 和 NNW 3 个方向上的风能频率之和高达 80.0%,沱沱河站 WSW、W 和 WNW 3 个方向上的风能频率之和达 73.8%,W 方向上的风能频率就达 41.4%。可见,青海省主要风能区的风能主要来自于西北方向,这一结论对风机的选址有很好的指导作用。

4. 风能资源储量与技术可开发量

1)风能资源储量

(1)风能资源储量的计算方法

风能资源总储量的计算公式是(朱瑞兆等,1981):

$$风能资源总储量 = \frac{1}{100} \sum_{i=1}^{n} S_i P_i \tag{4.2}$$

式中:n 为风功率密度等级数;S_i 为年平均风功率密度分布图中各风功率密度等值线间面积;P_i 为各风功率密度等值线间区域的风功率代表值,根据需要 P_i 以 50 W/m² 间隔递增,其中:

$P_1 = 25$ W/m²(年风功率密度<50 W/m² 区域风功率密度代表值)

$P_2 = 75$ W/m²(年风功率密度 50~100 W/m² 区域风功率密度代表值)

$P_3 = 125$ W/m²(年风功率密度 100~150 W/m² 区域风功率密度代表值)

……

(2)风能资源储量特点

青海省评价区域总面积为 72 万 km²。按照上述计算方法,估算出青海省境内风能总储量为 4.119 亿 kW。其中:

①年平均风功率密度<50 W/m² 区域面积(估算)为 35.31 万 km²,占青海省总面积的 49%,主要分布在青海省唐古拉山以东大部分地区,风能储量为 0.88275 亿 kW。

②年平均风功率密度 50~100 W/m² 区域面积(估算)为 25.89 万 km²,占青海省总面积的 36%,主要分布在青海东部的循化、青海湖南部的江西沟、西部的茶卡,柴达木盆地的察尔汗、诺木洪以及唐古拉山以西除沱沱河以外的地区,风能储量为 2.025 亿 kW。

③年平均风功率密度在 100~150 W/m² 区域面积(估算)为 10.8 万 km²,占青海省总面积的 15%,位于以沱沱河为代表的唐古拉山南部地区,风能储量为 1.21125 亿 kW。

2)风能资源技术开发量

风能资源技术开发量为年平均风功率密度在 150 W/m² 及以上的区域内的风能资源储量值与系数 0.785 的乘积。测算结果,青海省无年平均风功率密度在 150 W/m² 以上的台站。实际上根据实地考察的结果,青海省柴达木盆地的茫崖、大柴旦、茶卡,青海省南部高原的伍道梁和沱沱河地区,以及青海湖东部至日月山地区存在很高的风能储量,但由于缺乏反映这些地区风能储量的气象资料,且进行全面的调查又不现实,无法真实地反映青海省的风能资源状况。因此,本项目风能资源评价所估算出的风能资源具有技术可开发价值区域的面积,以年平均风功率密度在 100~150 W/m² 的区域面积 10.8 万 km² 的十分之一估算,即 1.08 万 km²,区域内总的风能资源潜在技术开发量约为 0.121 亿 kW。

4.2.2 基于风能资源观测网资料的风能资源分析与评估

1. 风能参数计算

1)空气密度

空气密度直接影响风能的大小,在同等风速条件下,空气密度越大风能越大。根据测风塔的实测气温、气压和相对湿度观测数据,计算各风能资源详查区测风塔 70 m 高度(近似为风机轮毂高度)观测年度各月空气密度值。

从表 4.10、图 4.24 和图 4.25 可看出各观测塔 70 m 高度不同时段空气密度的分布特征:

茫崖风能资源详查区:茫崖、黄瓜染和茶冷口测风塔均为秋冬季空气密度相对较大,春夏季相对较小,最大值出现在 12 月(0.958 kg/m³,29003 号塔),最小值出现在 7 月(0.841 kg/m³,29001 号塔),年平均空气密度在 0.878~0.907 kg/m³ 之间。29001、29002 和 29003 号塔各月的空气密度值基本上随着海拔高度的增高而减小。

青海省中部风能资源详查区:小灶火、诺木洪和德令哈戈壁测风塔均为秋冬季空气密度大于春夏季,最大值出现在 12 月(0.937 kg/m³,29004 号塔),最小值出现在 7 月(0.839 kg/m³,29006 号塔),年平均空气密度在 0.881~0.890 kg/m³ 之间。29004 至 29006 号各塔间海拔高度相差不大,因此各月的空气密度值基本接近。

青海湖风能资源详查区:快尔玛、刚察和沙珠玉测风塔为秋冬季空气密度大于春夏季,最大值出现在 12 月(0.916 kg/m³,29009 号塔),最小值出现在 7 月(0.807 kg/m³,29007 号塔),年平均空气密度在 0.839~0.876 kg/m³ 之间。29007 和 29008 号塔海拔高度相差不大,各月空气密度值基本上接近,29009 号塔海拔高度相对较低,空气密度的月值也相对较大。

过马营风能资源详查区:过马营和黄沙头测风塔均为秋冬季空气密度相对较大,春夏季相对较小,月值波动较大,两塔的月空气密度值变化不一致。29010 号塔最大值出现在 1 月和 12 月(0.873 kg/m³),最小值出现在 7 月(0.810 kg/m³),而 29011 号塔最大值出现在 9 月份(0.872 kg/m³),最小值出现在 4 月(0.812 kg/m³),年平均空气密度在 0.841~0.842 kg/m³。

五道梁风能资源详查区:五道梁测风塔为秋冬季空气密度相对较大,春夏季相对较小,最大值出现在 10 月(0.759 kg/m³),最小值出现在 4 月(0.711 kg/m³),年平均空气密度是 0.735 kg/m³。五道梁详查区的海拔高度为 4622 m,相对其他详查区要高许多,所以其各月空气密度相对要小。

总之,5 个风能资源详查区(29001~29012 号塔)具有平均空气密度上半年呈逐步下降,下半年呈上升趋势,夏季小、冬季大,高海拔地区小、低海拔地区大的基本特征。这种分布特征与详查区的大气压成正比,与详查区的气温成反比。

5 个风能资源详查区主要分布在高海拔干旱区,其空气密度远低于标准空气密度值(1.225 kg/m³)。各详查区空气密度的大小和分布主要与详查区的海拔高度有关。当气温和水汽压一定时,在高海拔区,影响空气密度的主要因子是气压,气压较低,其空气密度较小,反之在低海拔区,气压较高,其空气密度较大。当其他条件一定时,夏季气温增高,空气体积增大,气压减小,其夏季空气密度较秋季减小。茫崖和青海中部详查区地处柴达木盆地,是气压高区,年均 700~735 hPa,因此年平均空气密度最高,为 0.878~0.907 kg/m³ 之间。五道梁详查区地处唐古拉山地区,是气压低区,年均低于 600 hPa,因此年平均空气密度最低,为

0.735 kg/m³。青海湖和过马营详查区,是气压次高区,年均气压 670～710 hPa,年平均空气密度在高段,为 0.839～0.876 kg/m³ 之间。

表 4.10　测风塔 70 m 高度各月、年平均空气密度(单位:kg/m³)

月份 塔号	2009 10	2009 11	2009 12	2010 1	2010 2	2010 3	2010 4	2010 5	2010 6	2010 7	2010 8	2010 9	年
29003	0.913	0.940	0.958	0.949	0.934	0.924	0.910	0.887	0.870	0.855	0.865	0.884	0.907
29006	0.887	0.909	0.924	0.919	0.903	0.894	0.881	0.861	0.855	0.839	0.841	0.857	0.881
29011	0.866	0.854	0.855	0.844	0.828	0.826	0.812	0.816	0.824	0.850	0.861	0.872	0.842
29012	0.759	0.750	0.742	0.734	0.726	0.723	0.711	0.714	0.722	0.734	0.746	0.758	0.735

月份 塔号	2010 1	2010 2	2010 3	2010 4	2010 5	2010 6	2010 7	2010 8	2010 9	2010 10	2010 11	2010 12	年
29001	0.911	0.899	0.888	0.879	0.864	0.851	0.841	0.842	0.860	0.881	0.905	0.915	0.878
29002	0.944	0.930	0.918	0.905	0.888	0.872	0.860	0.866	0.884	0.908	0.936	0.957	0.906
29004	0.924	0.910	0.903	0.892	0.876	0.861	0.847	0.853	0.869	0.893	0.918	0.937	0.890
29005	0.923	0.907	0.904	0.888	0.868	0.860	0.845	0.848	0.863	0.889	0.915	0.935	0.887
29007	0.864	0.855	0.849	0.839	0.825	0.820	0.807	0.811	0.822	0.844	0.863	0.872	0.839
29008	0.873	0.863	0.857	0.847	0.833	0.826	0.814	0.819	0.830	0.850	0.866	0.878	0.846
29009	0.906	0.893	0.885	0.874	0.858	0.854	0.840	0.844	0.856	0.879	0.902	0.916	0.876
29010	0.873	0.854	0.849	0.841	0.826	0.823	0.810	0.813	0.822	0.844	0.863	0.873	0.841

注:29001 号塔为茫崖,29002 号塔为黄瓜染,29003 号塔为茶冷口,2904 号塔为小灶火,29005 号塔为诺木洪,29006 号塔为德令哈戈壁,29007 号塔为快尔玛,29008 号塔为刚察,29009 号塔为沙珠玉,29010 号塔为过马营,29011 号塔为黄沙头,29012 号塔为五道梁,下同。

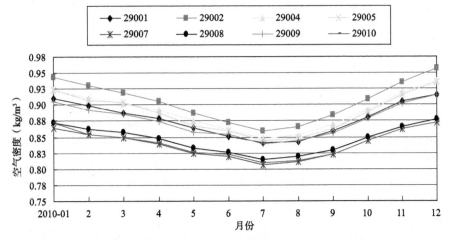

图 4.24　2010 年 1—12 月青海省风能资源详查区测风塔 70 m 高度空气密度逐月变化

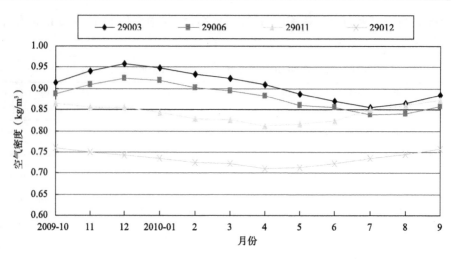

图 4.25　2009 年 10 月—2010 年 9 月青海省风能资源详查区测风塔 70 m 高度空气密度的逐月变化

2)风速

各风能资源详查区观测年度风能参数计算结果见表 4.11,可以看出各详查区观测年度年各高度层风能参数特点。

表 4.11　各风能资源详查区观测年度风能参数

详查区名称详查区测风塔名称	测风高度（m）	风能可用时间百分率（%）	平均风速（m/s）	10 min 最大风速（m/s）	极大风速（m/s）	平均风功率密度（W/m²）	有效风功率密度（W/m²）	风能密度（kW·h/m²）	平均风功率密度等级
茫崖详查区 茫崖测风塔 （29001）	10	77.8	6.3	23.4	29.4	261.7	558.4	328.6	4
	30	78.8	7.0	25.3	30.1	378.0	564.9	470.8	
	50	78.8	7.4	27.2	31.6	444.7	565.1	554.5	
	70	77.8	7.5	27.4	31.0	459.4	559.2	573.0	
茫崖详查区 黄瓜梁测风塔 （29002）	10	55.8	4.0	17.7	21.5	88.4	407.3	144.9	1
	30	59.1	4.5	19.9	23.1	126.1	430.8	195.6	
	50	61.1	4.7	20.3	23.2	141.6	445.3	211.9	
	70	66.3	5.1	22.0	24.6	187.5	482.3	255.9	
	100	62.9	5.2	23.0	25.5	197.2	476.6	286.6	
茫崖详查区 茶冷口测风塔 （29003）	10	50.6	4.1	18.9	21.9	114.7	368.8	216.5	1
	30	63.5	4.9	20.7	23.5	165.4	463.1	247.7	
	50	66.2	5.2	20.8	23.5	183.4	483.8	263.8	
	70	66.9	5.3	21.1	23.5	196.4	488.9	279.6	
青海省中部详查区 小灶火测风塔 （29004）	10	77.4	4.8	15.9	19.1	93.8	536.9	119.1	1
	30	81.0	5.0	17.2	19.9	119.0	517.1	143.3	
	50	76.9	5.1	18.8	21.4	120.1	556.3	150.6	
	70	75.5	5.2	19.5	22.0	127.6	546.7	161.9	

详查区名称详查区 测风塔名称	测风 高度 (m)	风能可用 时间百分率 (%)	平均 风速 (m/s)	10 min 最大风速 (m/s)	极大 风速 (m/s)	平均风 功率密度 (W/m²)	有效风 功率密度 (W/m²)	风能密度 (kW·h/m²)	平均风功率 密度等级
青海省中部详查区 诺木洪测风塔 (29005)	10	84.8	5.6	20.0	25.0	160.7	618.8	183.5	2
	30	87.3	6.5	23.4	27.8	255.9	635.8	287.1	
	50	86.6	6.8	24.3	27.8	294.1	631.9	331.9	
	70	86.1	7.0	25.5	29.0	343.3	627.3	386.0	
青海省中部详查区 德令哈戈壁测风塔 (29006)	10	48.9	3.5	16.6	21.6	55.3	356.5	101.6	1
	30	59.3	4.1	18.6	23.1	86.0	431.4	135.8	
	50	62.6	4.5	19.6	23.6	108.0	457.2	163.3	
	70	63.7	4.6	20.3	24.1	121.3	463.1	181.0	
青海湖详查区 快尔玛测风塔 (29007)	10	72.5	5.2	17.7	23.7	125.9	528.2	154.8	2
	30	79.8	6.3	20.5	26.7	223.7	582.1	257.2	
	50	80.8	6.4	20.4	25.8	230.6	588.9	264.0	
	70	82.1	6.6	20.5	25.8	239.6	598.7	272.0	
青海湖详查区 刚察测风塔 (29008)	10	71.3	5.2	21.1	26.1	162.6	519.6	222.1	1
	30	71.5	5.4	22.1	26.9	188.5	522.3	256.0	
	50	71.1	5.5	21.8	26.2	189.1	519.9	258.3	
	70	71.3	5.7	22.7	26.9	215.4	519.5	293.7	
	100	72.6	5.9	23.0	26.6	237.8	529.2	318.8	
青海湖详查区 沙珠玉测风塔 (29009)	10	62.3	4.6	19.2	23.3	144.8	453.3	214.8	2
	30	71.2	5.4	22.5	26.5	231.1	519.1	307.9	
	50	68.9	5.5	23.2	27.0	258.7	501.4	356.5	
	70	68.4	5.7	23.9	26.8	280.5	499.4	389.7	
过马营详查区 过马营测风塔 (29010)	10	65.0	4.3	16.2	19.8	75.3	473.8	106.1	1
	30	73.8	4.8	17.9	21.2	115.8	537.4	148.3	
	50	74.8	5.1	18.5	21.6	133.6	544.6	169.3	
	70	70.2	5.2	19.1	22.1	130.9	519.3	178.1	
过马营详查区 黄沙头测风塔 (29011)	10	62.3	4.2	15.1	19.7	69.7	454.1	104.0	1
	30	68.0	4.7	16.6	20.9	113.8	474.7	160.3	
	50	67.4	4.9	17.7	21.9	117.8	491.3	167.2	
	70	66.7	5.0	18.7	22.8	126.2	494.3	181.3	
五道梁详查区 五道梁测风塔 (29012)	10	80.5	6.3	22.8	27.2	229.4	584.8	267.0	2
	30	81.4	6.8	24.7	28.5	279.8	591.5	315.0	
	50	79.8	7.0	25.0	28.1	288.9	603.3	327.0	
	70	83.3	7.2	25.9	29.0	339.0	604.7	372.9	

茫崖风能资源详查区:29001(茫崖镇),29002(黄瓜梁)和29003(茶冷口)测风塔观测年度 10 m、30 m、50 m、70 m 和 100 m 高度年平均风速在 4.0～7.5 m/s 之间,其中 29001 风速较大,年平均风速在 5.0 m/s 以上。3 个测风塔 70 m 高度观测时段年平均风速分别为 7.5 m/s、5.1 m/s 和 5.3 m/s,10 min 最大风速分别为 27.4 m/s、22.0 m/s 和 21.1 m/s,极大风速分别为 31.0 m/s、24.6 m/s 和 23.5 m/s。29002 号塔 100 m 高度观测时段 10 min 最大风速、极大

风速分别为 23.0 m/s 和 25.3 m/s。从各月平均风速分布看(图 4.26),3 座测风塔 70 m 高度春季(3 至 5 月)风速相对较大,其他月份(6 月至次年 2 月)相对较小。总体看,12 月至次年 5 月 3 个测风塔风速逐渐增大,6—11 月风速逐渐减小的特征明显。从各时平均风速的日变化看(图 4.27),3 座测风塔 70 m 高度的风速均是 21 时至次日 12 时风速逐渐下降,13 至 20 时逐渐上升,19 至 21 时达到最大(茫崖 20 时达 9.5 m/s),11 至 13 时达到日最小(黄瓜梁 12 时为 3.9 m/s),日振幅最大 4.0 m/s(黄瓜梁)。

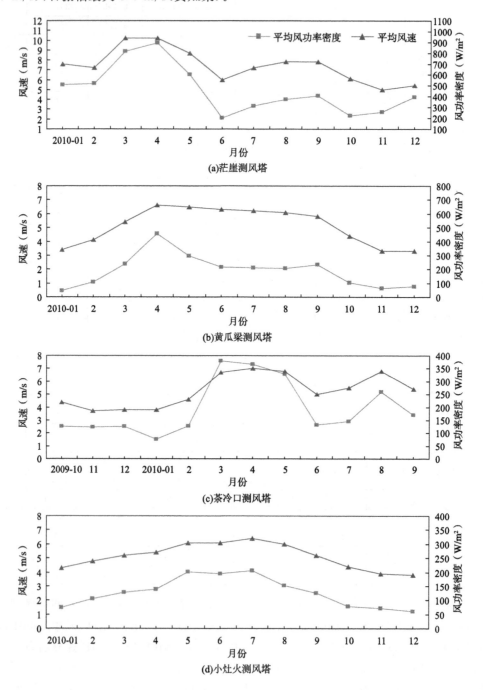

(a)茫崖测风塔

(b)黄瓜梁测风塔

(c)茶冷口测风塔

(d)小灶火测风塔

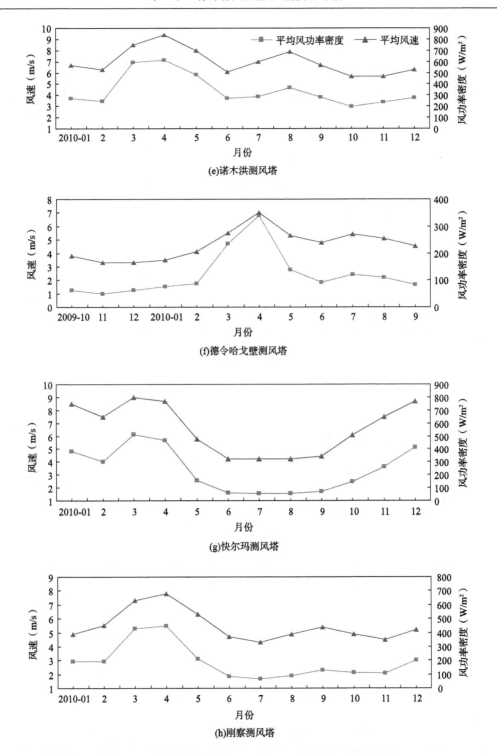

(e)诺木洪测风塔

(f)德令哈戈壁测风塔

(g)快尔玛测风塔

(h)刚察测风塔

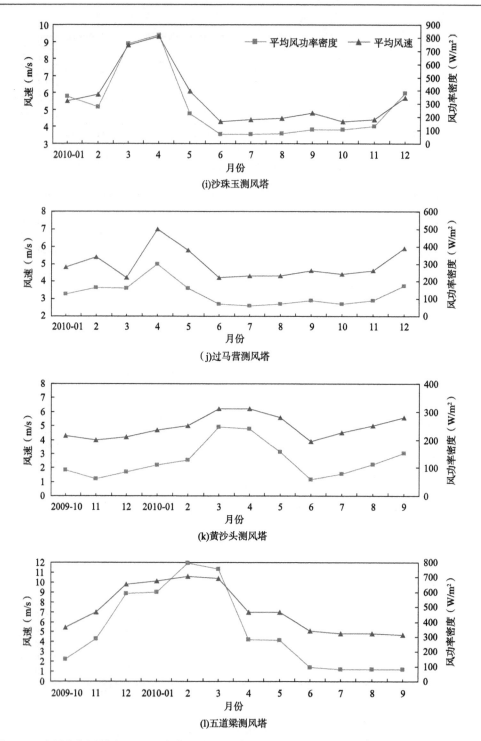

(i)沙珠玉测风塔

(j)过马营测风塔

(k)黄沙头测风塔

(l)五道梁测风塔

图 4.26　各风能资源详查区 70 m 高度风速(黑三角连线)和风功率密度(黑方连线)逐月变化曲线图

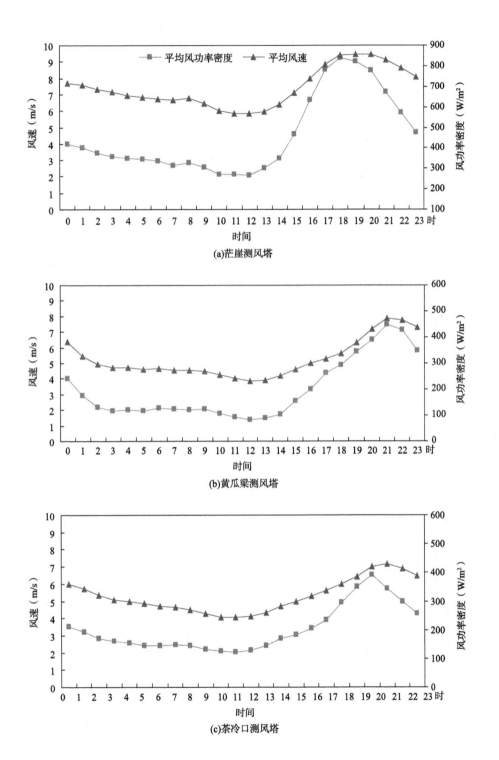

(a)茫崖测风塔

(b)黄瓜梁测风塔

(c)茶冷口测风塔

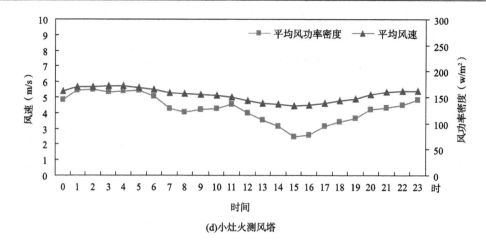

(d)小灶火测风塔

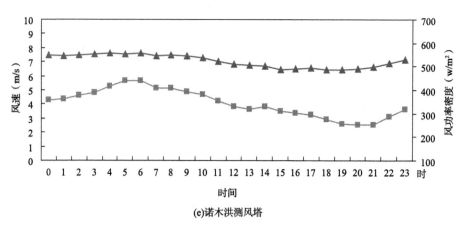

(e)诺木洪测风塔

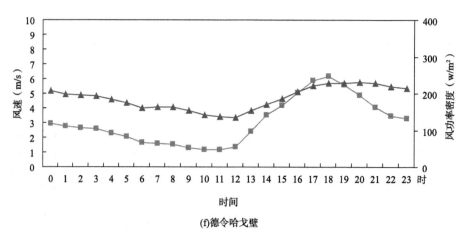

(f)德令哈戈壁

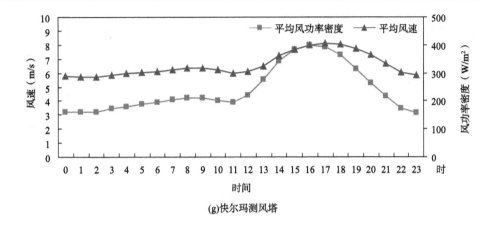

(g)快尔玛测风塔

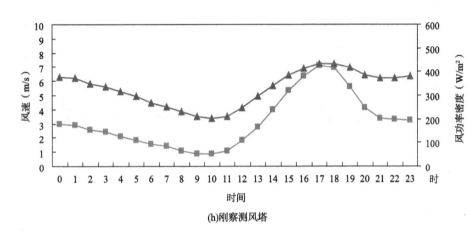

(h)刚察测风塔

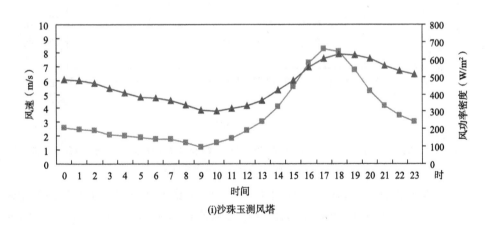

(i)沙珠玉测风塔

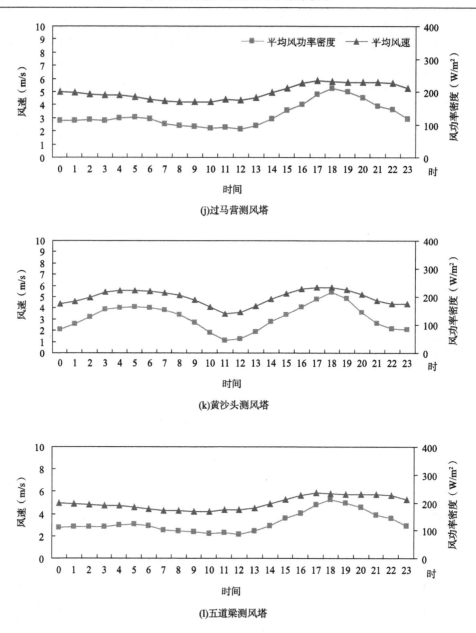

(j)过马营测风塔

(k)黄沙头测风塔

(l)五道梁测风塔

图 4.27　各风能资源详查区 70 m 高度风速(黑三角连线)和风功率密度(黑方连线)日变化曲线图
━■━ 平均风功率密度　　━▲━ 平均风速

　　青海省中部风能资源详查区:29004(小灶火)、29005(诺木洪)和 29006(德令哈戈壁)测风塔观测年度 10 m、30 m、50 m 和 70 m 高度年平均风速在 3.5～7.0 m/s 之间,其中 29004 和 29005 风速较大,年平均风速在 5.0 m/s 以上。3 个测风塔(29004,29005,29006)70 m 高度观测时段年平均风速分别为 5.2 m/s、7.0 m/s、4.6 m/s,10 min 最大风速分别为 19.5 m/s、25.5 m/s 和 20.3 m/s,极大风速分别为 22.0 m/s、29.0 m/s 和 24.1 m/s。从各月平均风速分布看(图 4.26),29004 测风塔 70 m 高度春季至初秋(3—9 月)风速相对较大,最大风速出现在 7 月,其他月份(10 月—次年 2 月)相对较小,最小风速出现在 12 月,29005 和 29006 测风塔 70 m 高度春季(3—5 月)风速相对较大,最大值出现在 4 月,其他月份(6 月—次年 2 月)相对较小,最小值出现在 11 月。总体平看,12 月至次年 4 月 3 个测风塔风速逐渐增大,5—11 月风速逐渐减小。从各时平均风速的日变化看(图 4.27),29004、29005 和 29006 号测风塔 70 m 高度的日风速变化有所不同,29004 和 29005 号测风塔基本在 05—15 时呈逐渐下降趋势,16 时至次日 4 时呈缓慢上升趋势,01—06 时风速达日最大(分别为 5.7 m/s 和 7.6 m/s),15 时风速达日最小(分别为 4.4 m/s 和 6.4 m/s),日振幅最小(分别为 1.3 m/s 和 1.2 m/s)。29006 风塔在 21 时至次日 12 时逐渐下降,13—20 时呈较明显的上升趋势,20 时风速达日最大(5.8 m/s),11—12 时风速达日最小(3.4 m/s),日振幅 2.4 m/s。

青海湖风能资源详查区:29007(快尔玛)、29008(青海湖刚察)和 29009(沙珠玉)测风塔观测年度 10 m、30 m、50 m、70 m 和 100 m 年平均风速在 4.6~6.6 m/s 之间,其中 29007(快尔玛)风速较大,年平均风速在 5.2 m/s 以上。3 个测风塔(29007,29008,29009)70 m 高度观测时段年平均风速分别为 6.6 m/s、5.7 m/s 和 5.7 m/s,10 min 最大风速分别为 20.5 m/s、22.7 m/s 和 23.6 m/s,极大风速分别为 25.8 m/s、26.6 m/s 和 26.8 m/s。从各月平均风速分布看(图 4.26),29007 测风塔 70 m 高度观测时段冬半年(上年 11 月至次年 4 月)风速相对较大,夏半年(5—10 月)相对较小。29008 和 29009 测风塔春季(3、4 月)风速相对较大,其他月份(1、2 月和 5 至 12 月)相对较小。总体来看,1—4 月和 10—12 月风速逐渐增大,5—9 月基本平稳。从各时平均风速的看(图 4.27)日变化,29007、29008 和 29009 测风塔 70 m 高度日风速变化有所不同,29007 测风塔日风速在 02—08 时缓慢上升,随后略有下降,12—17 时急剧回升,17 时风速达日最大(8.1 m/s),18 时—次日 01 时很快下降,到 01 时风速达日最小(5.7 m/s),日振幅 2.4 m/s。29008 和 29009 测风塔日风速基本在 19 时至次日 10 时呈逐渐下降趋势,11 至 18 时明显上升,17 至 18 时风速达日最大(7.9 m/s),10 时风速达日最小(3.4 m/s),日振幅 4.5 m/s,是 5 个风能资源详查区最大的风速日振幅观测值。

过马营风能资源详查区:29010(过马营),29011(黄沙头)测风塔观测年度 10 m、30 m、50 m 和 70 m 年平均风速在 4.2~5.2 m/s 之间,其中 29010 测风塔风速较大,年平均风速在 4.3 m/s 以上。2 个测风塔(29010 和 29011)70 m 高度观测时段年平均风速分别为 5.2 m/s 和 5.0 m/s,10 分钟最大风速分别为 19.1 m/s 和 18.7 m/s,极大风速分别为 22.1 m/s 和 22.8 m/s。从各月平均风速分布看(图 4.26),29010 测风塔 70 m 高度春季(4—5 月)风速相对较大,其中 4 月最大,其他月份(6 月—次年 3 月)相对较小,其中 6 月最小;29011 测风塔 70 m 高度春季(3—5 月)风速相对较大,其中 3、4 月最大,其他月份(6 月—次年 2 月)相对较小,其中 6 月最小。总体看,12 月至次年 4 月风速逐渐增大,5—9 月逐渐减小的特征不明显。从各时平均风速的日变化看(图 4.27),29010 和 29011 测风塔 70 m 高度日风速基本在 18—23 时、5—11 时风速呈逐渐下降趋势,12—18 时呈上升趋势,17—18 时风速达日最大(5.9 m/s),10—11 时风速达日最小(3.5 m/s),日振幅 2.4 m/s。

五道梁风能资源详查区:29012(五道梁)测风塔观测年度 10 m、30 m、50 m 和 70 m 年平均风速在 6.3~7.2 m/s 之间,年平均风速都在 6.0 m/s 以上。70 m 高度观测时段年平均风速为 7.2 m/s,10 min 最大风速为 25.9 m/s,极大风速为 29.0 m/s。从各月平均风速分布看(图 4.26),70 m 高度观测时段年平均风速冬春季(11 月—次年 5 月)较大,其中 2 月最大,夏秋季(6—10 月)相对较小,其中 9 月最小。从各时平均风速的日变化看(图 4.27),12 月—次年 3 月风速逐渐增大,4—10 月逐渐减小的特征不明显。29012 测风塔 70 m 高度日风速基本在 20 时—次日 10 时日风速呈下降趋势,其中 1—10 时变化缓慢,20—24 时变化急剧,11—19

时呈明显上升趋势,18—19 时风速达日最大(9.8 m/s),9 时风速达日最小(5.6 m/s),日振幅 4.2 m/s(5 个风能资源详查区观测值中为次大)。

从表 4.14 可以看出:观测年度 12 个测风塔 10 m、30 m、50 m、70 m 和 100 m 年 10 min 最大风速属茫崖详查区的 29001(茫崖镇)和 29003(茶冷口)、青海中部详查区的 29005(诺木洪)、青海湖详查区的 29008(青海湖刚察)和 29009(沙珠玉)、五道梁详查区的 29012(五道梁),大部分风能详查区年 10 min 最大风速在 18.0 m/s 以上,尤其是 29001(茫崖)风塔最为突出,各层年 10 min 最大风速均在 23.0 m/s 以上,其余详查区年 10 min 最大风速相对较小。

从观测年度各测风塔 10 min 最大风速和极大风速统计看出,≥17.2 m/s 的主要时段出现在春季 3—4 月份,影响年最大风速的天气系统主要是蒙古低压槽或西伯利亚大槽底部分裂的冷空气东移南下。当冷空气东移南下时,青海省的风能详查区自西向东、自北向南出现 8 级以上的偏西大风,有时也因强对流天气引起大风。从观测年度 500 hPa 高空天气分析得知,青海省的风能资源详查区主要分布在西北部和中部。青海省处在东亚季风区,受季风气候影响,冬季大部分风能详查区主要以偏西风为主,风速较大,夏季则以偏东风为主,风速普遍较小,初秋季(9—10 月)为转换季节,东亚季风环流开始调整,偏东风逐渐转为偏西风。

3)平均风功率密度

各测风塔各高度层平均风功率密度的计算结果见表 4.11。从计算结果看出:茫崖风能资源详查区 29001、29002 和 29003 测风塔各高度的年平均风功率密度分别在 261.7～459.4 W/m², 88.4～197.2 W/m² 和 114.7～196.4 W/m² 之间,且年平均风功率密度随高度的升高而增大;青海中部风能资源详查区 29004、29005 和 29006 测风塔各高度的年平均风功率密度分别在 93.8～127.6 W/m²、160.7～343.3 W/m² 和 55.3～121.3 W/m² 之间,年平均风功率密度随高度的升高而增大;青海湖风能资源详查区 29007、29008 和 29009 测风塔各高度的年平均风功率密度分别在 125.9～239.6 W/m²、162.6～237.8 W/m² 和 144.8～280.5 W/m² 之间,年平均风功率密度随高度的升高而增大;过马营风能资源详查区 29010 和 29011 测风塔各高度的年平均风功率密度分别在 75.3～133.6 W/m² 和 69.7～126.2 W/m² 之间,年平均风功率密度除 29010 塔的 70 m 比 50 m 高度的略偏小外,其余随高度的升高而增大;五道梁风能资源详查区 29012 测风塔各高度年平均风功率密度在 229.4～339.0 W/m² 之间,且随高度的升高而增大。

图 4.26 为各风能资源详查区 70 m 高度风速和风功率密度年变化曲线图,从图中可以看出:风功率密度最大值出现时间,除五道梁在 2 月和小灶火在 7 月外,其余均出现在春季(3 月或 4 月);茫崖、青海省中部两详查区平均风功率密度最小值出现在秋冬季,五道梁、青海湖和过马营 3 个详查区平均风功率密度最小值出现在夏季。

图 4.27 是风能资源详查区 70 m 高度风速和风功率密度日变化曲线图,从图中可以看出:茫崖详查区 3 个点的风功率密度日变化趋势相同,即 16 时—次日 2 时为风功率密度较大时段,最大值为 393.0～840.7 W/m²,最小时段在 10—14 时,最小值 83.0～270.2 W/m²;青海中部详查区 3 个点的风功率密度日变化趋势不尽相同,其中 29004(小灶火)和 29005(诺木洪)的变化相同,即 2—7 时为风功率密度较大时段,最大值为 165.5～440.3 W/m²,15—23 时为风功率密度较小时段,最小值为 74.8～250.5 W/m²,29006(德令哈戈壁)15—22 时为风功率密度较大时段,最大值为 141.0～247.3 W/m²,10—13 时为风功率密度较小时段,最小值为

$52.1 \sim 55.2 \ \mathrm{W/m^2}$；青海湖详查区 3 个塔风功能密度的最小时段变化不同，其中 29007（快尔玛）在 23 时—次日 6 时，最小值为 $165.5 \sim 440.3 \ \mathrm{W/m^2}$，29008（青海湖刚察）和 29009（沙珠玉）在 3—13 时，最小值为 $52.8 \sim 97.3 \ \mathrm{W/m^2}$，而最大值变化时段大致相同，一般在 15—22 时为最大时段，最大值 $400.5 \sim 661.5 \ \mathrm{W/m^2}$；过马营详查区的 29010（过马营）、29011（黄沙头）和五道梁详查区 29012（五道梁）风功率密度日变化最大值时段大致相同，15—23 时为最大时段，最大值为 $217.5 \sim 668.1 \ \mathrm{W/m^2}$，而最小值变化时段不同，即五道梁详查区 29012（五道梁）出现在 1—8 时，最小值 $168.9 \sim 193.7 \ \mathrm{W/m^2}$，29010（过马营）和 29011（黄沙头）出现在 10—14 时，最小值为 $43.5 \sim 85.8 \ \mathrm{W/m^2}$。总之，从风功率密度日变化图看出，茫崖详查区、青海中部详查区的 29006（德令哈戈壁）、过马营详查区的 29010（过马营）、青海湖详查区和五道梁详查区的风功率密度的日变化特点相同，即 16—22 时为风功率密度较大时段，10—13 时为风功率密度较小时段。29011（黄沙头）日风功率密度有两个较大时段，即 4—8 时和 17—21 时，12—13 时为最小值。11 个测风塔（除小灶火外）的时风功率密度最大值均在 $200 \ \mathrm{W/m^2}$ 以上。

依据《风电场风能资源评估方法》（GB/T 18710—2002）将表 4.14 各风能资源详查区观测年度风能参数表中的风功率密度进行等级划分。依据 50 m 高度年平均风功率密度划分平均风功率密度等级，从大到小依次为：茫崖（29001）为 4 级，其次诺木洪（29005）、快尔玛（29007）、沙珠玉（29009）和五道梁（29012）为 2 级，其余 7 个测风塔均为 1 级。29001 测风塔应用于并网型风力发电的风电场等级为 4 级（$400 \sim 500 \ \mathrm{W/m^2}$），29005、29007、29009 和 29012 测风塔应用于并网型风力发电的风电场等级为 2 级（$200 \sim 300 \ \mathrm{W/m^2}$），29002、29003、29004、29006、29008、29010 和 29011 测风塔应用于并网型风力发电的风电场等级为 1 级（$<200 \ \mathrm{W/m^2}$），整体风能资源比较丰富。

4）各等级风速及其风能频率分布

表 4.12 为各风能资源详查区各高度层不同风速等级出现的小时数，从中可看出，同一风速等级出现的小时数一般随高度增加而增多，而同一高度各风速等级出现的小时数随风速等级增大而减少。100 m 高度上，2 座测风塔 $3 \sim 25 \ \mathrm{m/s}$ 有效风力小时数为 $5499 \sim 6350 \ \mathrm{h}$，占总观测时数的 63%～73%；70 m 高度上，各测风塔 $3 \sim 25 \ \mathrm{m/s}$ 有效风力小时数为 $5557 \sim 7528 \ \mathrm{h}$，占总观测时数的 63%～86%；50 m 高度上，各测风塔 $3 \sim 25 \ \mathrm{m/s}$ 有效风力小时数为 $5344 \sim 7583 \ \mathrm{h}$，占总观测时数的 61%～87%；30 m 高度上，各测风塔 $3 \sim 25 \ \mathrm{m/s}$ 有效风力小时数为 $5170 \sim 7629 \ \mathrm{h}$，占总观测时数的 59%～87%；10 m 高度上，各测风塔 $3 \sim 25 \ \mathrm{m/s}$ 有效风力小时数为 $4278 \sim 7426 \ \mathrm{h}$，占总观测时数的 49%～85%。

图 4.28 为各风能资源详查区各测风塔 70 m 高度风速频率和风能频率分布直方图，从图中可以看出：最高风能频率出现在风速为 $7 \sim 18 \ \mathrm{m/s}$ 之间的测风塔有 29001（茫崖镇）、29002（黄瓜梁）、29003（茶冷口）、29005（诺木洪）、29012（五道梁）和 29008（青海湖刚察），风能频率最高范围为 8%～10%；最高风能频率出现在风速为 $6 \sim 12 \ \mathrm{m/s}$ 之间的测风塔有 29011（黄沙头）、29010（过马营）、29007（快尔玛）、29006（德令哈戈壁）和 29004（小灶火），风能频率最高范围为 8%～12%；29009（沙珠玉）风速在 $6 \sim 20 \ \mathrm{m/s}$ 之间的风能频率最高。12 个测风塔 70 m 高度的风速为 $3 \sim 25 \ \mathrm{m/s}$ 时的风能频率分布曲线一般呈"⌒"分布，风速小于 $3 \ \mathrm{m/s}$ 和大于 $25 \ \mathrm{m/s}$ 的风能频率很小，各测风塔均小于 1%。

图 4.28 和表 4.12 表明，各测风塔 $3 \sim 25 \ \mathrm{m/s}$ 风速段有效风速频率大都在 60%～85%，

且有效风速频率较大的风速段大致集中在 3～6 m/s。风能频率的分布与风速频率的分布具有明显的差异,风能频率较高的风速段大多主要集中在 5～8 m/s。

表 4.12 各风能资源详查区各高度层不同风速等级出现小时数(单位:h)

项目 测风塔	高度 (m)	3～25 (m/s)	4～25 (m/s)	5～25 (m/s)	6～25 (m/s)	7～25 (m/s)	8～25 (m/s)	9～25 (m/s)	10～25 (m/s)	11～25 (m/s)	12～25 (m/s)	13～25 (m/s)	14～25 (m/s)	≥25 (m/s)
29001 茫崖	10	6701	5725	4865	3987	3166	2452	1889	1453	1090	824	602	417	294
	30	6779	5952	5279	4587	3884	3207	2611	2096	1645	1276	973	739	540
	50	6781	5974	5297	4670	4040	3455	2868	2383	1932	1545	1213	948	709
	70	6710	5920	5268	4658	4070	3531	2963	2495	2062	1636	1289	984	758
29002 黄瓜梁	10	4887	3295	2238	1582	1170	843	607	412	274	171	120	82	49
	30	5170	3744	2775	2108	1551	1177	865	624	434	297	204	140	105
	50	5344	3875	2941	2300	1767	1356	1020	768	514	365	240	163	117
	70	5787	4301	3332	2604	2091	1634	1294	1018	781	547	385	267	178
	100	5499	4187	3262	2552	2044	1636	1304	1036	806	593	428	297	198
29003 茶冷口	10	4425	3365	2619	1961	1469	1115	852	638	457	326	219	143	92
	30	5557	4249	3323	2615	2000	1520	1196	911	677	473	348	241	162
	50	5805	4581	3618	2878	2221	1697	1320	1036	765	539	384	270	183
	70	5867	4699	3757	2994	2345	1805	1413	1119	841	590	424	298	206
29004 小灶火	10	6712	5313	3929	2732	1734	993	516	286	140	88	44	23	6
	30	7037	5617	4355	3142	2181	1393	886	524	307	175	107	71	37
	50	6676	5213	3894	2730	1868	1258	848	538	335	189	119	77	47
	70	6560	5104	3853	2761	1950	1359	943	615	393	234	147	93	62
29005 诺木洪	10	7426	5938	4033	2748	2069	1628	1225	905	629	415	251	162	98
	30	7629	6621	5439	4199	3144	2372	1779	1340	1040	778	549	372	255
	50	7583	6598	5472	4380	3449	2694	2097	1630	1243	939	680	451	319
	70	7528	6588	5569	4569	3638	2912	2332	1865	1476	1138	850	611	421
29006 德令哈 戈壁	10	4278	2430	1504	958	663	480	340	264	192	125	71	37	19
	30	5177	3595	2378	1604	1075	742	504	373	275	205	148	99	58
	50	5486	4025	2897	2048	1456	1043	725	495	350	256	179	125	77
	70	5557	4159	3065	2231	1616	1196	880	624	438	310	213	136	93
29007 快尔玛	10	6338	5151	4019	3032	2123	1444	1011	687	425	250	144	74	30
	30	6985	6015	5132	4200	3361	2583	1933	1398	979	677	441	269	162
	50	7067	6156	5295	4427	3582	2780	2065	1488	1015	703	436	265	153
	70	7184	6292	5472	4599	3759	2903	2185	1554	1060	732	463	277	159
29008 青海湖 刚察	10	6235	4814	3609	2688	1926	1384	1005	762	611	501	393	310	214
	30	6268	5017	3944	3105	2407	1780	1272	926	709	565	441	342	255
	50	6234	5058	4116	3349	2689	2136	1635	1208	895	671	523	388	281
	70	6239	5016	4019	3201	2499	1906	1399	991	742	575	434	324	226
	100	6350	5217	4281	3500	2866	2314	1861	1400	1051	793	593	451	313

续表

项目　测风塔	高度(m)	3~25(m/s)	4~25(m/s)	5~25(m/s)	6~25(m/s)	7~25(m/s)	8~25(m/s)	9~25(m/s)	10~25(m/s)	11~25(m/s)	12~25(m/s)	13~25(m/s)	14~25(m/s)	≥25(m/s)
29009 沙珠玉	10	5440	3702	2422	1735	1338	1088	887	739	604	481	391	299	219
	30	6229	4655	3543	2629	1982	1513	1215	1003	847	719	596	484	386
	50	6017	4680	3673	2809	2212	1701	1367	1131	939	808	684	541	436
	70	5993	4799	3801	2972	2335	1829	1476	1225	1025	870	732	610	483
29010 过马营	10	5686	4024	2649	1690	1070	721	498	325	193	108	73	46	26
	30	6449	4949	3704	2653	1838	1198	802	555	370	223	141	88	59
	50	6535	5085	3880	2888	2070	1484	1042	701	481	308	179	107	74
	70	6110	4751	3645	2727	1975	1441	1037	713	481	311	201	103	62
29011 黄沙头	10	5449	3917	2777	1858	1169	702	387	213	110	70	39	21	12
	30	5934	4621	3568	2686	1967	1422	939	599	322	169	89	56	34
	50	5896	4667	3620	2732	2034	1465	995	638	340	192	103	60	39
	70	5816	4595	3574	2731	2064	1512	1070	747	459	265	145	79	46
29012 五道梁	10	7017	5924	4940	4045	3193	2366	1758	1305	973	748	611	472	347
	30	7098	6091	5229	4347	3520	2778	2142	1624	1270	913	712	602	455
	50	6961	5981	5167	4325	3536	2836	2215	1699	1320	983	779	630	491
	70	7256	6339	5494	4689	3907	3201	2586	2031	1547	1189	921	733	606

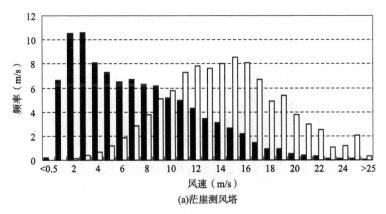

(a)茫崖测风塔

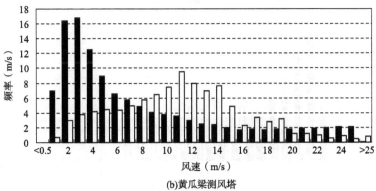

(b)黄瓜梁测风塔

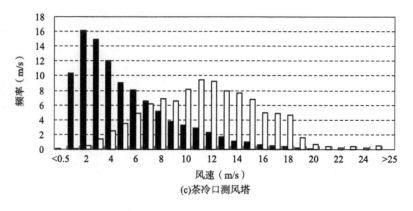

(c)茶冷口测风塔

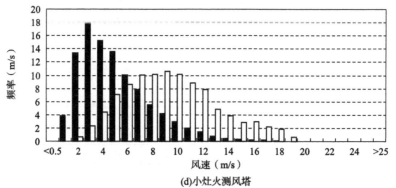

(d)小灶火测风塔

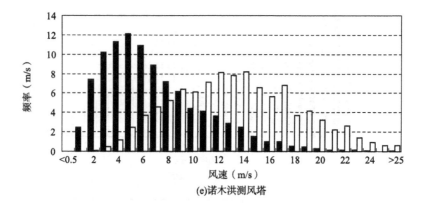

(e)诺木洪测风塔

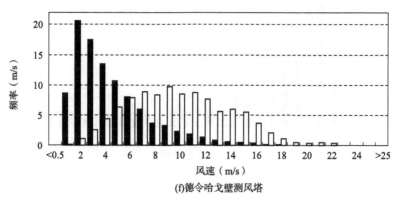

(f)德令哈戈壁测风塔

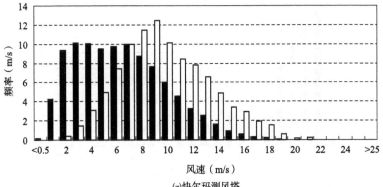

(g)快尔玛测风塔

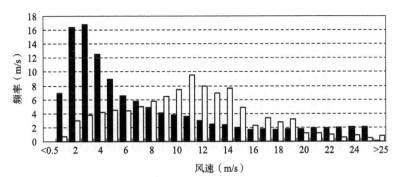

(h)青海湖刚察测风塔

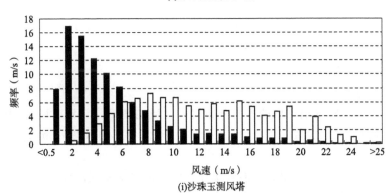

(i)沙珠玉测风塔

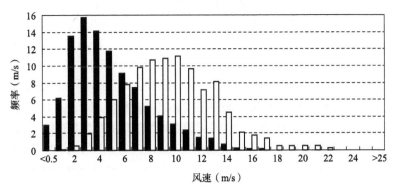

(j)过马营测风塔

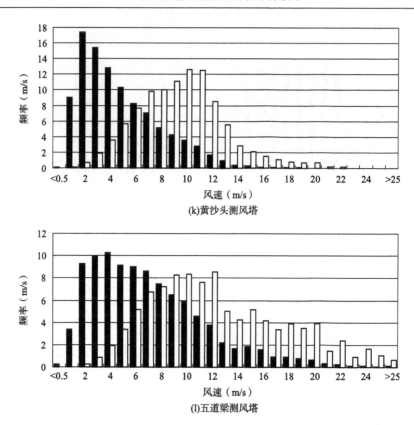

图 4.28　各测风塔 70 m 高度风速频率(黑)和风能频率(白)分布直方图

■ 风速频率　□ 风能频率

5)风向频率和风能密度分布

(1)风向频率分布

以 16 方位各风向频率描述风的方向分布特征。风向频率指设定时段各(某)方位风出现次数占全方位风向出现总次数的百分比(表 4.16)。观测年度测风塔 70 m 高度的风向主要集中在 W(图 4.29)。

从表 4.13 和图 4.29 可看出各风能资源详查区各测风塔不同高度风向频率的一般分布特点。茫崖详查区 3 个测点各高度中出现频率最多的风向相同,均为 NW,该风向频率基本随高度升高而增大,其风向频率从大到小依次为 29003(茶冷口)、29001(茫崖镇)、29002(黄瓜梁),出现频率分别为 38.3%~47.0%、33.1%~39.7%、13.0%~14.9%。青海省中部详查区 3 个测点各高度出现最多风向频率不同,29004(小灶火)为 WSW,出现频率在 9.8%~15.8%之间,29005(诺木洪)为 W,出现频率在 12.6%~25.0%之间,29006(德令哈戈壁)为 E,出现频率在 16.5%~18.0%之间。WNW 风向频率在 29005(诺木洪)和 29004(小灶火)2 个测点随高度(10 m、50 m、70 m)升高而增大,在 29006(德令哈戈壁)随高度(10 m、50 m、70 m)升高而减小。青海湖详查区最多风向频率 3 个测点均不同,29007(快尔玛)为 WNW,出现频率在 21.9%~36.2%,风向频率基本随高度(10 m、50 m、70 m)升高而增大,29008(青海湖刚察)为 E,出现频率在 9.4%~14.8%,风向频率随高度(10 m、50 m、70 m)升高而增大,29009(沙珠玉)为 ESE,出现频率在 6.1%~19.6%,风向频率随高度(10 m、50 m、70 m)升高而增大。过马营详查区 2 个测点最多风向频率不同,风向频率随高度(10 m、50 m、70 m)减小,29010(过马营)为 S,出现频率 14.7%～17.3%,29011(黄沙头)为 E,出现频率 23.8%～27.1%。五道梁详查区 29012(五道梁)最多风向频率为 W,出现频率 11.4%～25.4%,最多风向频率 50 m 处最大。

表 4.13　各风能资源详查区测风塔各高度年风向频率(单位:%)

项目 测风塔	测风高度(m)	N	NNE	NE	ENE	E	ESE	SE	SSE	S	SSW	SW	WSW	W	WNW	NW	NNW
茫崖详查区 茫崖测风塔 (29001)	10	1.6	1.0	1.7	2.8	5.9	4.7	1.9	1.1	0.7	1.0	3.3	7.9	9.7	18.4	33.1	5.2
	50	2.7	1.3	2.2	3.8	6.8	5.8	2.5	1.1	0.8	0.7	1.6	3.5	5.4	11.3	38.8	11.4
	70	2.2	1.4	2.5	4.6	7.5	5.4	2.1	1.1	0.8	1.0	1.8	3.6	5.2	14.6	39.7	6.5
茫崖详查区 黄瓜梁测风塔 (29002)	10	5.5	7.6	6.3	3.5	3.6	3.6	5.2	3.1	2.9	2.5	3.0	3.9	10.1	15.5	14.9	8.7
	50	5.4	8.8	4.9	3.6	3.4	3.8	4.2	3.4	3.7	3.2	4.1	6.0	12.2	13.0	13.1	7.3
	70	5.4	8.4	6.2	3.8	3.6	3.7	4.1	3.4	3.4	3.2	3.6	5.1	10.9	12.7	14.7	8.1
	100	5.1	8.6	7.0	3.9	3.3	4.3	3.8	3.6	2.9	3.5	2.8	5.1	7.3	15.6	13.0	10.2
茫崖详查区 茶冷口测风塔 (29003)	10	2.2	1.0	1.1	1.1	1.5	3.2	8.6	2.8	1.9	2.2	1.7	3.0	16.5	38.3	7.4	
	50	2.6	1.3	1.6	1.4	1.7	3.7	7.8	5.6	2.7	2.1	1.9	1.5	2.2	7.5	47.0	9.4
	70	3.0	1.4	1.6	1.5	2.0	4.8	7.3	5.1	2.9	2.1	1.8	1.4	2.1	6.8	45.7	10.5
青海省中部详查区 小灶火测风塔 (29004)	10	4.0	3.5	2.8	3.4	4.8	3.2	2.4	3.4	2.9	2.0	14.2	15.8	9.1	12.3	9.8	6.0
	50	3.8	3.5	3.0	3.8	4.6	3.8	5.1	3.2	3.0	5.0	11.5	10.1	12.7	12.6	9.1	5.0
	70	4.0	3.4	3.1	3.5	5.4	4.2	5.4	3.8	3.1	3.7	7.7	9.8	13.3	13.7	10.4	5.5
青海省中部详查区 诺木洪测风塔 (29005)	10	4.4	0.8	3.0	3.0	6.0	4.8	5.9	6.1	4.4	7.1	7.9	8.7	12.6	11.6	4.8	9.3
	50	1.3	1.5	2.3	5.1	11.1	8.0	3.1	1.8	2.0	4.2	3.6	6.9	25.0	16.6	5.5	2.2
	70	1.5	1.4	1.7	2.6	10.3	10.9	4.4	1.7	1.9	2.8	2.9	3.5	16.9	24.3	10.3	2.9
青海中部详查区 德令哈戈壁 测风塔(29006)	10	3.7	6.7	8.4	12.3	16.5	4.8	4.5	4.9	5.9	4.7	5.3	5.3	8.1	4.1	2.7	2.1
	50	2.9	3.6	5.8	16.2	18.0	5.6	5.3	5.2	5.5	5.1	4.9	5.7	8.0	4.0	2.5	1.8
	70	2.4	2.8	5.3	17.1	16.8	5.3	5.5	5.4	5.5	5.5	5.3	6.4	8.3	4.0	2.3	2.0
青海湖详查区 快尔玛测风塔 (29007)	10	2.6	0.8	0.7	0.8	1.4	3.9	8.9	6.4	3.9	0.8	0.5	1.4	9.1	21.9	28.8	8.2
	50	1.2	0.5	0.5	0.6	1.4	6.5	10.5	5.8	1.4	0.7	0.3	1.9	11.6	32.0	22.9	2.5
	70	1.1	0.5	0.5	0.8	2.4	7.6	8.7	5.1	1.5	0.9	0.5	2.9	16.0	36.2	13.5	2.4
青海湖详查区 青海湖刚 察测风塔 (29008)	10	4.1	4.9	7.3	11.6	9.4	5.9	4.0	6.2	5.8	3.2	3.4	5.2	7.6	6.5	7.6	7.8
	50	3.2	4.2	4.2	11.1	12.5	5.9	5.0	6.7	5.3	23.3	3.7	5.7	9.0	8.4	7.1	4.5
	70	14.5	3.8	4.2	4.8	11.1	6.2	4.7	5.1	4.6	3.6	3.5	4.0	9.6	8.2	7.9	4.3
	100	2.4	3.4	3.8	3.5	14.8	10.3	5.7	6.4	4.0	4.0	3.8	3.9	10.5	9.0	8.4	4.2
青海湖详查区 测沙珠玉风塔 (29009)	10	3.6	5.7	7.4	8.3	9.2	6.1	4.8	1.5	1.1	6.5	7.5	5.1	7.5	10.8	11.2	3.3
	50	2.8	5.0	3.1	2.9	9.5	17.8	11.9	3.7	2.0	1.8	1.8	3.0	7.5	14.0	11.1	2.3
	70	3.2	4.5	2.5	2.8	9.5	19.6	11.2	3.6	2.2	1.5	1.7	3.0	7.6	15.3	9.4	2.4
过马营详查区 过马营测风塔 (29010)	10	6.2	6.2	4.5	5.2	8.8	6.5	4.5	4.5	17.3	6.4	4.9	3.3	3.9	5.1	8.1	4.6
	50	6.1	6.2	5.0	5.4	9.5	4.3	2.1	4.5	14.7	6.4	5.5	4.6	5.3	7.0	8.5	5.0
	70	6.1	5.3	4.3	6.1	9.1	3.0	1.7	2.6	15.1	7.9	4.8	4.6	5.6	7.8	7.4	5.6
过马营详查区 黄沙头测风塔 (29011)	10	2.8	1.9	2.0	4.5	27.1	10.3	6.6	2.4	2.7	2.6	2.3	3.0	5.9	8.3	10.9	6.6
	50	3.6	1.0	1.2	1.8	23.8	13.4	6.1	2.4	2.7	2.6	2.5	5.5	8.9	11.8	9.5	
	70	2.5	0.9	1.4	4.0	24.9	11.4	4.0	2.8	3.2	2.6	2.4	3.2	6.7	9.4	13.0	7.6

测风塔 \ 项目	测风 高度 (m)	N	NNE	NE	ENE	E	ESE	SE	SSE	S	SSW	SW	WSW	W	WNW	NW	NNW
五道梁详查区	10	4.8	8.2	6.8	7.8	6.9	3.2	1.9	1.4	2.5	5.6	4.9	18.7	16.5	4.6	2.9	2.9
五道梁测风塔	50	3.9	7.8	6.8	7.8	8.5	4.6	2.0	2.1	2.1	3.3	4.7	8.0	25.4	7.7	3.1	2.2
(29012)	70	6.6	7.4	7.5	8.2	6.5	2.0	2.3	1.5	2.8	4.2	6.5	24.0	11.4	3.3	2.3	3.2

茫崖测风塔(29001)不同高度各季出现较多风向主要集中在 W-NNW 扇区,四季中 10 m 的较多风向频率均出现在 NW、WNW 和 W。除秋季外其余 3 个季节的 70 m 较多风向频率均出现在 NW、WNW 和 NNW,秋季较多风向频率为 NW、WNW 和 E。

黄瓜梁测风塔(29002)不同高度各季出现的较多风向主要集中在 W-N 扇区。春季 10 m 和 70 m 较多风向频率均出现在 NW、WNW 和 NNW;夏季 10 m 较多风向频率为 NW、W 和 NNE,70 m 较多风向频率出现在 WNW、NNE 和 W;秋季 10 m 和 70 m 较多风向频率均出现在 WNW、NW 和 W;冬季 10 m 较多风向频率出现在 NW、WNW 和 NNW,70 m 较多风向频率出现在 NW、W 和 NNW。

茶冷口测风塔(29003)不同高度各季出现的较多风向主要集中在 WNW-NNW 扇区。春、夏季 10 m 和 70 m 高度较多风向频率均出现在 NW、WNW 和 NNW;秋季 10 m 和 70 m 高度较多风向频率均出现在 NW、WNW 和 SE;冬季 10 m 高度较多风向频率为 NW、WNW 和 SE,70 m 较多风向频率为 NW、NNW 和 SE。

小灶火测风塔(29004)不同高度各季出现的较多风向主要集中在 SW-NNW 扇区。春季 10 m 较多风向频率为 WSW、WNW 和 NW,70 m 较多风向频率为 WNW、W 和 NW;夏季 10 m 及 70 m 较多风向频率均出现在 WNW、W 和 WSW;秋季 10 m 较多风向频率为 WSW、SW 和 WNW,70 m 较大风向频率为 WNW、W 和 NW;冬季 10 m 高度较多风向频率为 SW、WSW 和 NW,70 m 较多风向频率为 WNW、NW 和 SW。

诺木洪测风塔(29005)不同高度各季出现的较多风向主要集中在 N-SE 扇区。春季 10 m 较多风向频率与冬季一致,70 m 较多风向频率为 WNW、W 和 NW;夏季 10 m 较多风向频率为 SSE、SW 和 NNW,70 m 较多风向频率为 WNW、E 和 W;秋季 10 m 较多风向频率为 NNW、WNW 和 SW,70 m 较多风向频率为 WNW、W 和 NW;冬季 10 m 较多风向频率为 W、WNW 和 WSW,70 m 较多风向频率为 WNW、W 和 ESE。

德令哈戈壁测风塔(29006)不同高度各季出现的较多风向主要集中在 NEN-E 扇区。春季 10 m 出现较多风向是 W、E 和 ENE,70 m 出现较多风向为 W、ENE 和 WSW;夏季 10 m 和 70 m 出现较多的风向均是 E、ENE 和 NE;秋季 10 m 出现较多风向为 E、ENE 和 NNE,70 m 出现较多风向为 E、ENE 和 S;冬季 10 m 和 70 m 出现较多的风向均是 E、ENE 和 W;

快尔玛(29007)不同高度各季出现较多风向主要集中在 W-NNW 扇区。冬、春季 10 m 和 70 m 出现较多的风向均是 NW、WNW 和 W;夏季 10 m 出现较多的风向是 SE、NW 和 SSE,70 m 出现较多的风向是 WNW、SE 和 ESE;秋季 10 m 出现较多的风向是 NW、WNW 和 NNW,70 m 出现较多的风向是 WNW、W 和 NW。

青海湖刚察测风塔(29008)冬、春季不同高度出现的较多风向均是 W、WNW 和 NW;夏季 10 m 出现较多的风向是 ENE、E 和 NE,70 m 出现较多的风向是 N、E 和 NE;秋季 10 m 出现较多的风向是 ENE、E 和 NNW,70 m 出现较多的风向是 N、E 和 NW。

沙珠玉测风塔(29009)冬季 10 m 和 70 m 出现较多风向均为 NW、WNW 和 W;春季 10 m 较多风向为 NW、WNW 和 SW,70 m 较多风向为 WNW、NW 和 ESE;夏季 10 m 较多风向为 ESE、E 和 NE,70 m 较多风向为 ESE、SE 和 E;秋季 10 m 较多风向为 ENE、E 和 WNW,70 m 出现较多风向为 ESE、E 和 SE。

过马营测风塔(29010)冬季 10 m 和 70 m 出现较多风向均为 S、NW 和 SSW;春季 10 m 和 70 m 出现较多风向均为 S、NW 和 WNW;夏季 10 m 出现较多风向为 E、S 和 ESE,70 m 出现较多风向是 E、NE 和 S;秋季 10 m 出现较多风向为 S、ESE 和 SSW,70 m 出现较多风向是 S、SSW 和 SW。

黄沙头测风塔(29011)除春季外其余 3 个季节 10 m 和 70 m 出现较多风向均为 E、NW 和 ESE,春季 10 m 和 70 m 出现较多风向为 E、NW 和 NNW。

五道梁测风塔(29012)冬季 10 m 和 70 m 出现较多风向均为 WSW、W 和 SW;春季 10 m 出现较多风向是 WSW、W 和 NNE,70 m 出现较多风向为 WSW、W 和 N;夏季 10 m 出现较多风向为 NNE、ENE 和 E,70 m 出现较多风向是 ENE、NE 和 NNE;秋季 10 m 出现较多风向是 NNE、ENE 和 E,70 m 出现较多风向为 NNE、NE 和 ENE。

青海湖详查区及五道梁详查区内各风塔从低层到高层的最大风向频率有旋转变化,而茫崖、青海中部详查区的大部分风塔最大风向频率以 NW 和 WNW 为主,且高低层最大风向频率方向大致相同。

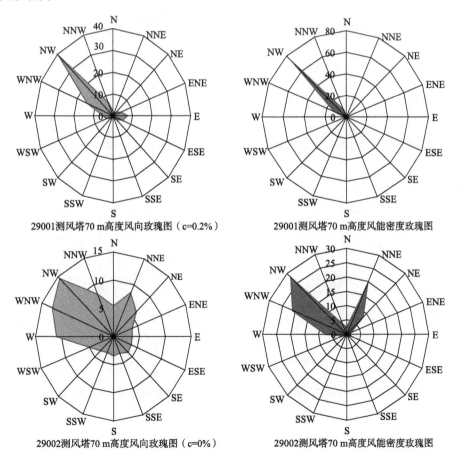

29001测风塔70 m高度风向玫瑰图（c=0.2%）

29001测风塔70 m高度风能密度玫瑰图

29002测风塔70 m高度风向玫瑰图（c=0%）

29002测风塔70 m高度风能密度玫瑰图

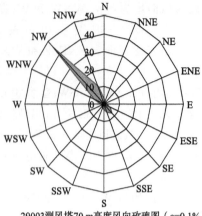

29003测风塔70 m高度风向玫瑰图（c=0.1%）

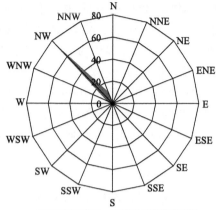

29003测风塔70 m高度风能密度玫瑰图

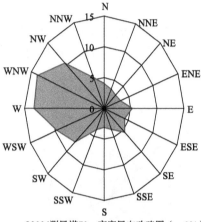

29004测风塔70 m高度风向玫瑰图（c=0%）

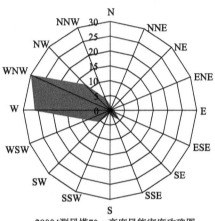

29004测风塔70 m高度风能密度玫瑰图

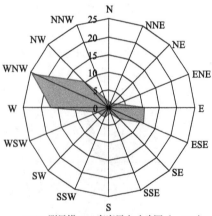
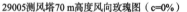

29005测风塔70 m高度风向玫瑰图（c=0%）

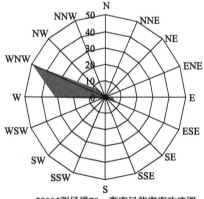

29005测风塔70 m高度风能密度玫瑰图

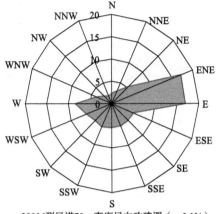

29006测风塔70 m高度风向玫瑰图（c=0.1%）

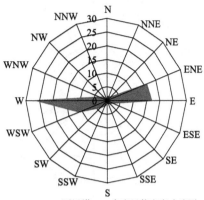

29006测风塔70 m高度风能密度玫瑰图

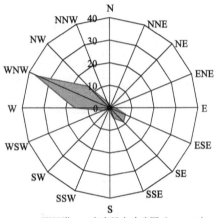

29007测风塔70 m高度风向玫瑰图（c=0.2%）

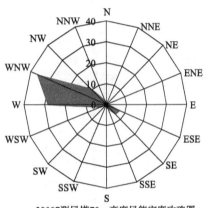

29007测风塔70 m高度风能密度玫瑰图

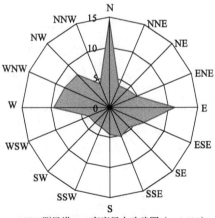

29008测风塔70 m高度风向玫瑰图（c=0.1%）

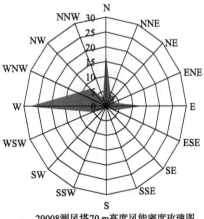

29008测风塔70 m高度风能密度玫瑰图

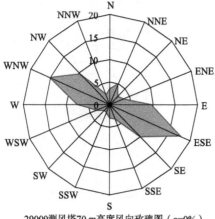

29009测风塔70 m高度风向玫瑰图（c=0%）

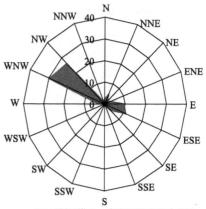

29009测风塔70 m高度风能密度玫瑰图

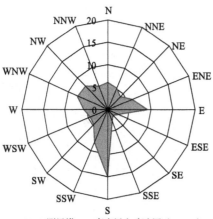

29010测风塔70 m高度风向玫瑰图（c=3%）

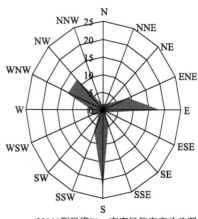

29010测风塔70 m高度风能密度玫瑰图

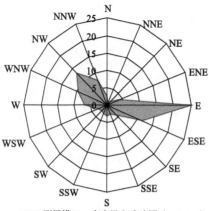

29011测风塔70 m高度风向玫瑰图（c=0.1%）

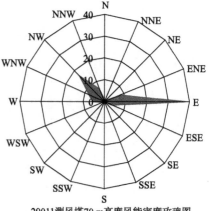

29011测风塔70 m高度风能密度玫瑰图

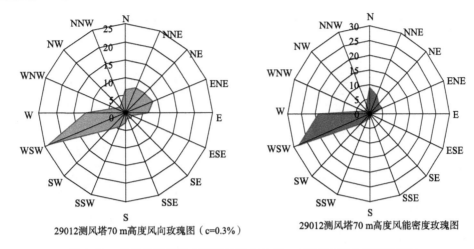

29012测风塔70 m高度风向玫瑰图（c=0.3%）

29012测风塔70 m高度风能密度玫瑰图

图 4.29 各风能资源详查区测风塔全年 70 m 高度风向及风能玫瑰图

c 为静风频率

（2）风能密度分布

青海省风能资源较丰富，部分区域属于风能可利用区，年平均风功率密度多在 50～100 W/m² 之间。青海省风能资源的分布特点是西北部丰富，东北部匮乏，北部多于南部。青海省年平均风速在 1.0～5.1 m/s 之间，风速最大的地区是柴达木盆地和唐古拉山，年均风速在 4.0 m/s 以上。其中，茫崖达到 5.1 m/s，五道梁达到 4.5 m/s，祁连山区到青海湖之间风速一般在 3～4 m/s 之间，泽库与循化超过 3 m/s，青海省上半年风速大，下半年风速小，春季风速最大。

根据风能利用经验，青海省除东北部、东南部少数山川和河谷地区外，辽阔的青海省南部高原、柴达木盆地、疏勒山区和环湖地区年平均风速均在 3 m/s 以上，盆地西部和唐古拉山区甚至可超过 5 m/s，风能利用潜力巨大。

鉴于青海省风能特点，各参证站选址点基本上是风速较大、风功率密度最大的地带，且周边环境和地理概貌平坦开阔。茫崖详查区的茫崖和黄瓜梁测风塔地处阿尔金山与昆仑山间风资源相对丰富的峡口处，青海省中部详查区的德令哈戈壁地势平坦，特殊的地理位置使得这 3 个风塔最大风向频率基本以 NW、WNW 和 W 为主，也是青海省风资源最为丰富的地区，如果以 70 m 高度风功率密度来划分，这 3 个地方均达到 4 级标准。青海湖地势相对平坦，故青海湖详查区的黄沙头和过马营风资源为 2 级，青海省内其他地区风资源为 3 级。

风能密度分布是指设定时段各方位的风能密度占全方位总风能密度的百分比。分析风能密度分布图（图 4.29）得出，各详查区测风点 70 m 高度风能密度方向分布和风向频率分布具有很好的一致性。29001～29005、29007 和 29009 测风点较大风能密度与较多风向频率大致分布在 W-NW 扇区内。29006 和 29011 测风点大致分布在 E-ENE 扇区内。29008 测风点大致分布在 W-N 扇区内。29010 测风点分布主要集中在 WNW、NW、S 和 E 方向。29012 测风点大致分布在 WSW-W 扇区内。

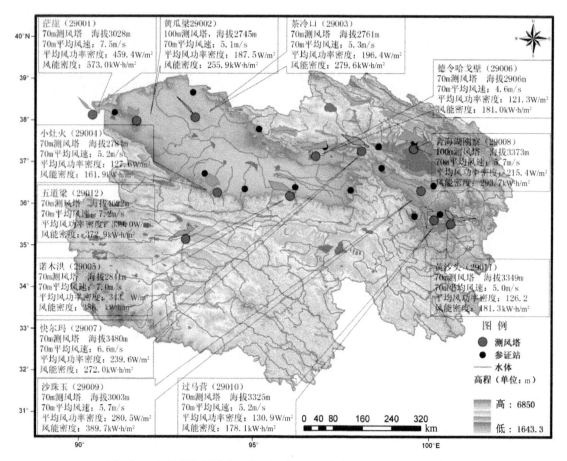

茫崖（29001）
70m测风塔　海拔3028m
70m平均风速：7.5m/s
平均风功率密度：459.4W/m²
风能密度：573.0kW·h/m²

黄瓜梁29002）
100m测风塔，海拔2745m
70m平均风速：5.1m/s
平均风功率密度：187.5W/m²
风能密度：255.9kW·h/m²

茶冷口（29003）
70m测风塔　海拔2761m
70m平均风速：5.3m/s
平均风功率密度：196.4W/m²
风能密度：279.6kW·h/m²

德令哈戈壁（29006）
70m测风塔　海拔2906m
70m平均风速：4.6m/s
平均风功率密度：121.3W/m²
风能密度：181.0kW·h/m²

小灶火（29004）
70m测风塔　海拔2784m
70m平均风速：5.2m/s
平均风功率密度：127.6W/m²
风能密度：161.9kW·h/m²

青海湖刚察（29008）
100m测风塔　海拔3373m
70m平均风功率密度：215.4W/m²
风能密度：293.7kW·h/m²

五道梁（29012）
70m测风塔　海拔4622m
70m平均风速：7.2m/s
平均风功率密度：330.0W/m²
风能密度：372.9kW·h/m²

诺木洪（29005）
70m测风塔　海拔2811m
70m平均风速：7.0m/s
平均风功率密度：313.W/m²
风能密度：386.kW·h/m²

黄沙头（29011）
70m测风塔　海拔3349m
70m平均风速：5.0m/s
平均风功率密度：126.2
风能密度：181.3kW·h/m²

快尔玛（29007）
70m测风塔　海拔3480m
70m平均风速：6.6m/s
平均风功率密度：239.6W/m²
风能密度：272.0kW·h/m²

沙珠玉（29009）
70m测风塔　海拔3003m
70m平均风速：5.7m/s
平均风功率密度：280.5W/m²
风能密度：389.7kW·h/m²

过马营（29010）
70m测风塔　海拔3325m
70m平均风速：5.2m/s
平均风功率密度：130.9W/m²
风能密度：178.1kW·h/m²

图 例
● 测风塔
● 参证站
—— 水体
高程（单位：m）
高：6850
低：1643.3

0　40　80　　160　　240　　320
km

图 4.30　各风能资源详查区各测风点 70 m 高度观测年度风能资源参数

6）风速垂直切变

近地层风速的垂直分布主要取决于地表粗糙度和低层大气的层结状态。在中性大气层结下，对数和幂指数方程都可以较好地描述风速的垂直廓线，实测数据检验结果表明，在青海省高原地区幂指数公式比对数公式能更精确地拟合风速的垂直廓线，我国新修订的《建筑结构设计规范》也推荐使用幂指数公式，其表达式为：

$$V_2 = V_1 \left(\frac{Z_2}{Z_1} \right)^{\alpha} \tag{4.3}$$

式中：V_2 为高度 Z_2 处的风速（m/s）；V_1 为高度 Z_1 处的风速（m/s），Z_1 一般取 10 m 高度；α 为风切变指数，其值的大小表明了风速垂直切变的强度。

根据各风能资源详查区各测风点各高度的日平均风速实测值，采用幂指数（或其他合适的）方法，模拟计算其风切变指数（表 4.14）、风速实测和模拟的廓线（图 4.31）。从表 4.17 可以看出，因地面粗糙度和地形地貌等的影响，总体上茫崖及青海省中部详查区风切变指数高于其余三个详查区，即表现出沙漠和戈壁地区的风速垂直切变强度大于草原地区的。对比各测风塔，德令哈戈壁（29006）的风切变指数最大，茶冷（29003）口次之，青海湖刚察（29008）最小，德令哈戈壁（29006）周围地形开阔，风速垂直切变较大。

表 4.14　各详查区测风塔观测年度风切变指数

详查区	测风塔	风切变指数 α
茫崖详查区	茫崖测风塔（29001）	0.102
	黄瓜梁测风塔（29002）	0.115
	茶冷口测风塔（29003）	0.138
青海省中部详查区	小灶火测风塔（29004）	0.045
	诺木洪测风塔（29005）	0.110
	德令哈戈壁测风塔（29006）	0.147
青海湖详查区	快尔玛测风塔（29007）	0.131
	青海湖刚察测风塔（29008）	0.037
	沙珠玉测风塔（29009）	0.117
过马营详查区	过马营测风塔（29010）	0.105
	黄沙头测风塔（29011）	0.085
五道梁详查区	五道梁测风塔（29012）	0.058

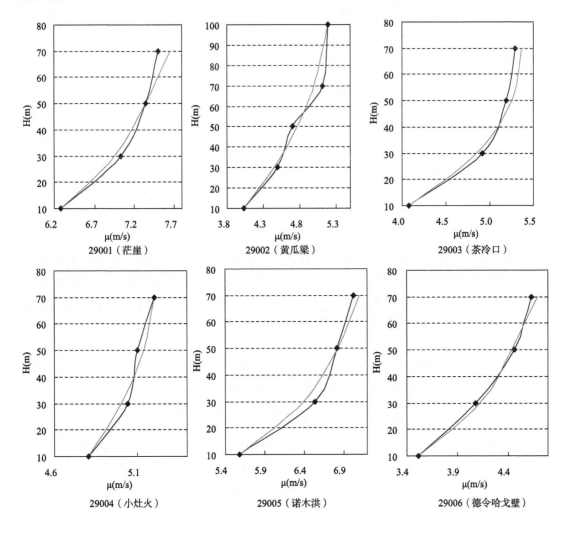

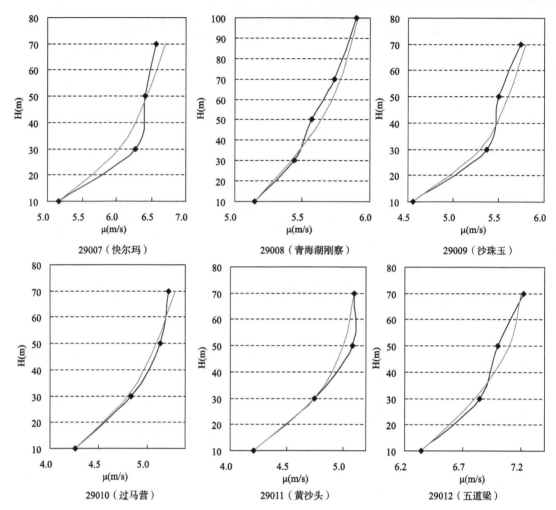

图 4.31　各风能资源详查区观测年度的实测平均风速廓线（菱形连线）及其拟合线（实线）

◆—— 实测　　—— 幂指数拟合

造成风在近地层中的垂直变化的原因有动力因素和热力因素，前者主要来源于地面的摩擦效应，即地面的粗糙度，后者主要表现与近地层大气垂直稳定度的关系。29003（茶冷口）、29005（诺木洪）及 29009（沙珠玉）3 个测风塔的风速随高度变化不大符合幂指数分布，可能与局地小气候引起的近地层大气垂直稳定度有较大关系。

7）湍流强度

湍流强度表示瞬时风速偏离平均风速的程度，是评价气流稳定程度的指标。湍流强度（I）与地理位置、地形、地表粗糙度和天气系统类型等因素有关，其计算公式为：

$$I = \frac{\sigma_v}{V} \tag{4.4}$$

式中 V 为 10 min 平均风速（m/s）；σ_v 为 10 min 内瞬时风速相对平均风速的标准差。

表 4.15 为各风能资源详查区测风塔各高度全风速段和风速 15 m/s（14.6～15.5 m/s）的大气湍流强度。图 4.32 和图 4.33 分别为各测风塔各高度全风速段大气湍流强度年变化曲线和日变化曲线。

表 4.15　各风能资源详查区测风塔各高度全风速段和风速 15 m/s 的大气湍流强度

测风塔	测风高度(m)	大气湍流强度	
		全风速段	15 m/s
茫崖详查区 茫崖测风塔 (29001)	10	0.24	0.12
	30	0.23	0.11
	50	0.28	0.17
	70	0.26	0.13
茫崖详查区 黄瓜梁测风塔 (29002)	10	0.28	0.11
	30	0.26	0.09
	50	0.25	0.08
	70	0.24	0.08
	100	0.24	0.07
茫崖详查区 茶冷口测风塔 (29003)	10	0.33	0.09
	30	0.27	0.08
	50	0.25	0.08
	70	0.25	0.07
青海省中部详查区 小灶火测风塔 (29004)	10	0.24	0.10
	30	0.24	0.09
	50	0.24	0.08
	70	0.24	0.08
青海省中部详查区 诺木洪测风塔 (29005)	10	0.21	0.14
	30	0.19	0.12
	50	0.18	0.10
	70	0.18	0.09
青海省中部详查区 德令哈戈壁测风塔 (29006)	10	0.30	0.14
	30	0.27	0.14
	50	0.27	0.12
	70	0.26	0.11
青海湖详查区 快尔玛测风塔 (29007)	10	0.26	0.16
	30	0.22	0.13
	50	0.21	0.13
	70	0.20	0.12
青海湖详查区 青海湖刚察测风塔 (29008)	10	0.26	0.13
	30	0.24	0.13
	50	0.24	0.12
	70	0.23	0.12
	100	0.23	0.12
青海湖详查区 沙珠玉测风塔 (29009)	10	0.28	0.13
	30	0.25	0.12
	50	0.25	0.11
	70	0.24	0.10
过马营详查区 过马营测风塔 (29010)	10	0.27	0.13
	30	0.23	0.11
	50	0.23	0.10
	70	0.23	0.10

续表

测风塔	测风高度(m)	大气湍流强度	
		全风速段	15 m/s
过马营详查区 黄沙头测风塔 （29011）	10	0.30	0.13
	30	0.28	0.12
	50	0.27	0.12
	70	0.27	0.11
五道梁详查区 五道梁测风塔 （29012）	10	0.23	0.12
	30	0.21	0.10
	50	0.21	0.09
	70	0.21	0.09

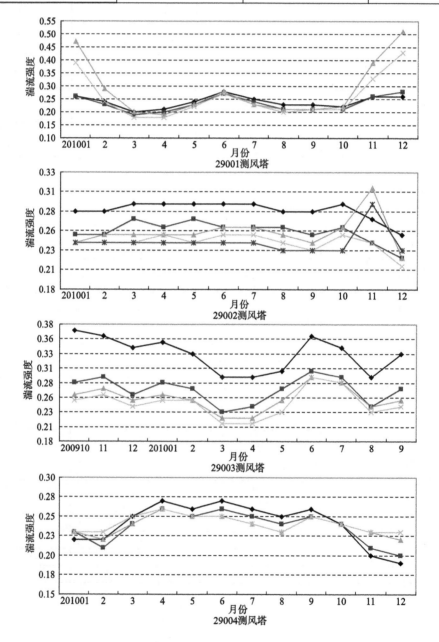

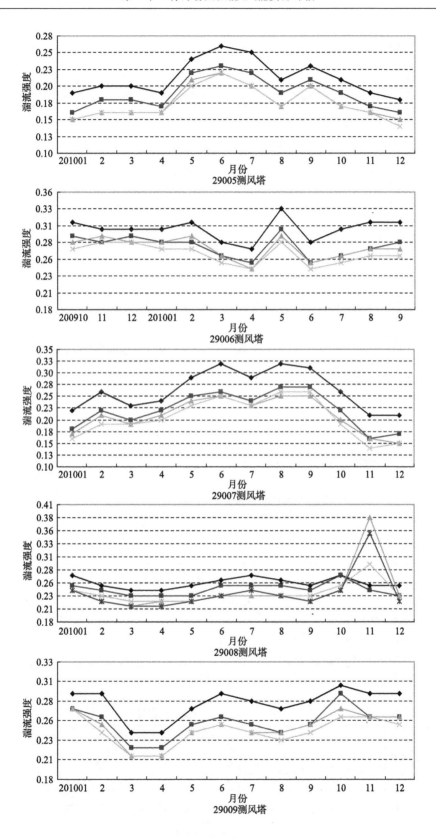

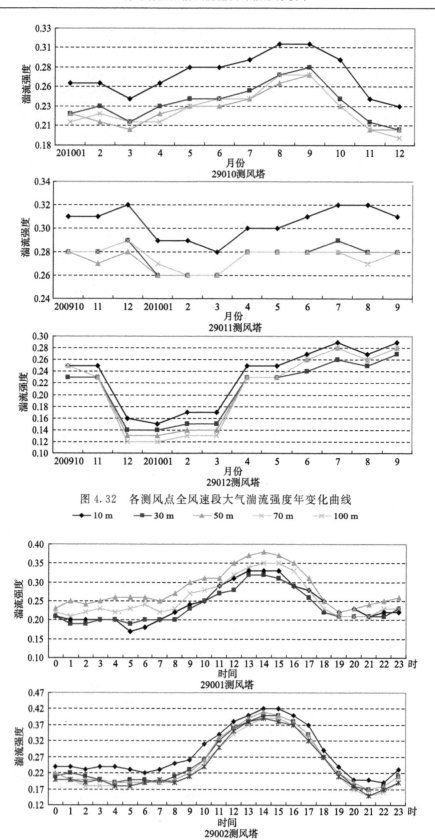

图 4.32　各测风点全风速段大气湍流强度年变化曲线

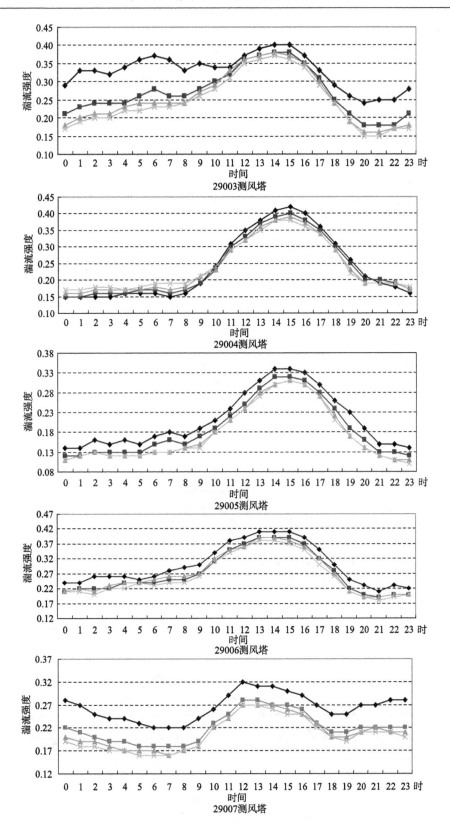

29003测风塔

29004测风塔

29005测风塔

29006测风塔

29007测风塔

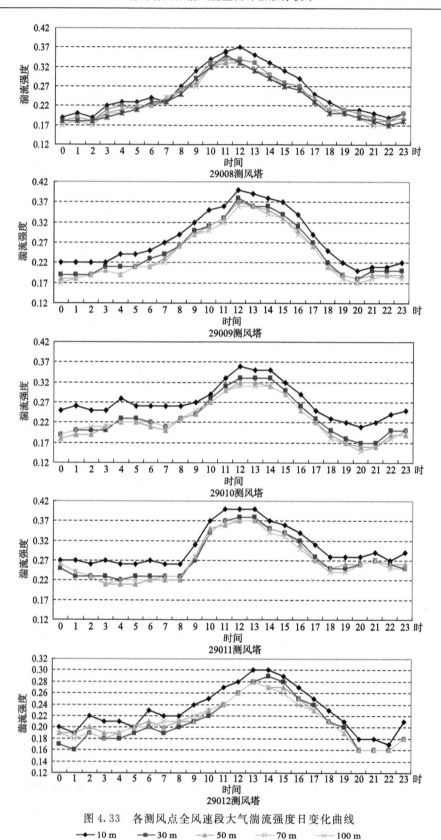

图 4.33　各测风点全风速段大气湍流强度日变化曲线

　　从表 4.15 各测风塔各月各高度全风速段和 15 m/s 的大气湍流强度可以看出,各高度全风速段的湍流强度在 0.18~0.33,而各高度风速 15 m/s 的湍流强度在 0.07~0.17。随着高度的升高,湍流强度呈减小的趋势(29001 除外),这主要是由于高度低时,受下垫面状况(风向、地形、植被状况、地表粗糙度等)影响较大,风速较小,湍流强度大;而高度越高时,地面摩擦作用小,地面粗糙度相应减小,风速越大、越稳定,相应的湍流强度也越小。

　　从图 4.33 各测风点全风速段大气湍流强度的日变化可看出:各层大气湍流强度在 0.17~0.33 之间变化,12—14 时为日大气湍流强度最大时段,日大气湍流强度最小时段无明显规律。10 m 高度层湍流强度在 0.21(29005 号测风塔)~0.33(29003 号测风塔),30 m 高度层湍流强度在 0.19(29005 号测风塔)~0.28(29011 号测风塔),50 m 高度层湍流强度在 0.18(29005 号测风塔)~0.28(29011 号测风塔),70 m 高度层湍流强度在 0.18(29005 号测风塔)~0.27(29011 号测风塔),100 m 高度层湍流强度为 0.23(29008 号测风塔)~0.24(29002 号测风塔)。由此可见,早晨日出以后,地面急剧增温,大气不稳定,湍流运动不断加强;至午后,湍流最为强烈,近地层风速也达到最大;而后,傍晚开始出现逆温,稳定层结抑制湍流的发展,湍流减弱。

　　从各详查区湍流强度季节变化来看:春季、夏季、秋季、冬季各层湍流强度分别在 0.17~0.29、0.20~0.33、0.18~0.35 和 0.12~0.42。10 m 高度层春季、夏季、秋季、冬季湍流强度分别在 0.21~0.29、0.20~0.33、0.21~0.35 和 0.19~0.30。70 m 高度层春季、夏季、秋季、冬季湍流强度分别在 0.17~0.27、0.19~0.28、0.18~0.28 和 0.15~0.35。由此可见,春、夏两季湍流强度变化幅度较小,而秋、冬两季湍流强度变化幅度较大。10 m 高度层湍流强度在夏、秋两季变化明显,70 m 高度湍流强度在冬季变化较明显。主要由于 6、7 和 8 月是夏季,气温较高,空气的垂直运动剧烈,湍流强度在期间变化剧烈。冬季风速变率较大,导致 70 m 高度湍流强度在冬季变化较明显。

　　从图 4.32 各测风点全风速段大气湍流强度的年变化曲线可看出:各高度层湍流强度值在 0.18~0.33 之间变化,10 m 高度层湍流强度在 0.15(29012 号测风塔)~0.37(29003 号测风塔),30 m 高度层湍流强度在 0.14(29012 号测风塔)~0.3(29003 号测风塔,29006 号测风塔),50 m 高度层湍流强度在 0.13(29012 号测风塔)~0.51(29001 号测风塔),70 m 高度层湍流强度在 0.12(29012 号测风塔)~0.43(29001 号测风塔),由此可见,50 m 和 70 m 高度层湍流强度变幅较大。而 10 m 和 30 m 高度层湍流强度变幅较小。29002(黄瓜梁)11 月 50 m 和 100 m 高度层的湍流强度发生突变(突然上升,且幅度大),2008(青海湖刚察)11 月 50 m、70 m 和 100 m 高度层的湍流强度也发生突变(突然上升,且幅度大),经核查该月这 2 个测风点出现过大风,可能对 50~100 m 高度层湍流强度的计算造成了影响。

　　根据以上分析并结合 50 年一遇 10 分钟平均风速,建议:茫崖详查区和青海湖详查区选择 WTGS 为一类的风力发电机组,青海中部详查区、过马营详查区和五道梁详查区选择 WTGS 为二类的风力发电机组。

　　8)风频曲线及威布尔分布参数

　　各测风塔 70 m 高度风频威布尔分布的 A、K 参数值见表 4.16。风速威布尔分布曲线见图 4.34。

表 4.16 各测风塔 70 m 高度风速威布尔分布参数

	测风塔	尺度参数(A)(m/s)	形状参数(K)
茫崖详查区	茫崖测风塔(29001)	不符合 Weibull 分布	不符合 Weibull 分布
	黄瓜梁测风塔(29002)	5.68	1.58
	茶冷口测风塔(29003)	5.87	1.58
青海省中部详查区	小灶火测风塔(29004)	5.80	2.00
	诺木洪测风塔(29005)	7.91	1.88
	德令哈戈壁测风塔(29006)	5.41	1.71
青海湖详查区	快尔玛测风塔(29007)	不符合 Weibull 分布	不符合 Weibull 分布
	青海湖刚察测风塔(29008)	不符合 Weibull 分布	不符合 Weibull 分布
	沙珠玉测风塔(29009)	不符合 Weibull 分布	不符合 Weibull 分布
过马营详查区	过马营测风塔(29010)	5.52	1.78
	黄沙头测风塔(29011)	不符合 Weibull 分布	不符合 Weibull 分布
五道梁详查区	五道梁测风塔(29012)	不符合 Weibull 分布	不符合 Weibull 分布

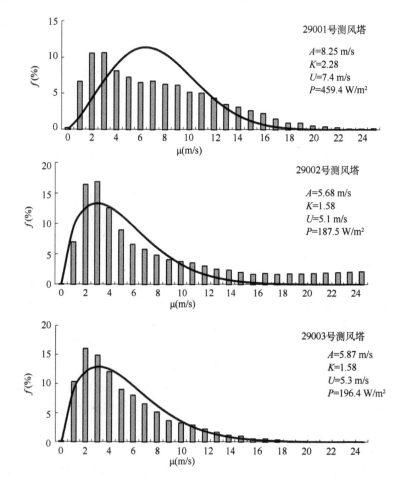

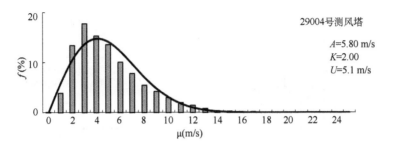

29004号测风塔

A=5.80 m/s
K=2.00
U=5.1 m/s

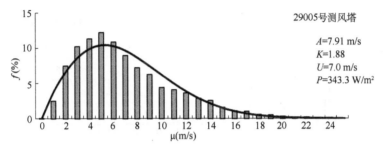

29005号测风塔

A=7.91 m/s
K=1.88
U=7.0 m/s
P=343.3 W/m²

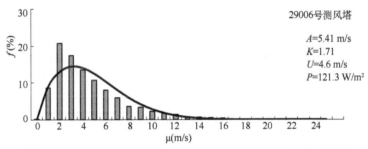

29006号测风塔

A=5.41 m/s
K=1.71
U=4.6 m/s
P=121.3 W/m²

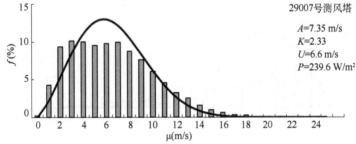

29007号测风塔

A=7.35 m/s
K=2.33
U=6.6 m/s
P=239.6 W/m²

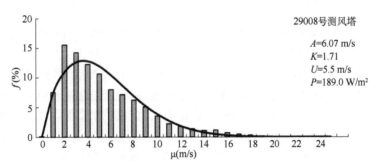

29008号测风塔

A=6.07 m/s
K=1.71
U=5.5 m/s
P=189.0 W/m²

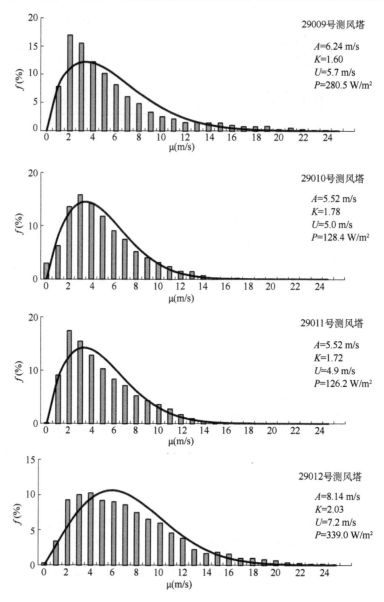

图 4.34　各测风塔 70 m 高度风速威布尔分布曲线

从表 4.16 的尺度参数(A)、形状参数(K)和图 4.34 各测风塔的威布尔分布曲线可看出：29001(茫崖)、29007(快尔玛)、29008(青海湖刚察)、29009(沙珠玉)、29011(黄沙头)和 29012 (五道梁)不符合威布尔分布曲线,其原因是这些测风点的尺度参数、形状参数与平均风速之间特定关系拟合得不好,这可能与测风塔周边的特殊地理(地形、地貌等)环境和小气候条件有关;29002(黄瓜梁)、29003(茶冷口)、29004(小灶火)、29005(诺木洪)、29006(德令哈戈壁)和 29010(过马营)符合威布尔分布曲线,即尺度参数、形状参数与平均风速之间特定关系拟合得比较好。A 值取决于风速的时间特征和该分布与平均风速之间的某种特定关系。K 值一般在1～3 范围变化,K 值越大,说明风速波动越小,越适合风力发电。从图 4.34 还可看出,表示 f(%)的点分布在威布尔分布曲线周围时,表示两者拟合是较好的。

2. 风资源长期平均状况评估

由于现场测风塔观测时间一般比较短,难以代表当地常年平均风况特征,为了满足运行期长达 20 年的风电场风能资源评估需要,规范要求利用拟建风电场周边地区的国家气象站(在此称为参证站)的长期观测数据,结合现场测风塔短期观测资料,对拟建风电场区域的风能资源进行长年代评估。

1)参证站与详查区风速相似性检验

根据青海省风气候特征和风能资源详查区测风塔分布情况,并考虑国家气象站测风数据的历史沿革和区域代表性等因素,从详查区周边多个国家气象站中,筛选出能够代表各详查区平均风气候特征的气象站,作为各详查区风能资源长年代评估的参证站。

利用各详查区测风塔 50 m 和 70 m 高度的日平均风速与相应的参证站同期风速数据进行相关检验,各详查区测风塔与相应的参证站相关性检验参数见表 4.17。由此可以看出,各参证站与详查区日平均风速的相关性均通过显著性水平为 0.01 的检验。此外,还可以看出,青海湖详查区和过马营详查区 2 个区与参证站刚察气象站的相关检验表明,两个区都可将刚察站作为参证站。

表 4.17　各详查区测风点与相应的参证站相关性检验参数

参证站	测风点名	高度(m)	相关系数 R	样本个数 n	统计量 F	显著性水平
茫崖	茫崖详查区茫崖测风塔(29001)	50	0.545	365	153.456	0.01
		70	0.562	365	167.600	0.01
	茫崖详查区黄瓜梁测风塔(29002)	50	0.703	365	355.665	0.01
		70	0.714	365	378.548	0.01
	茫崖详查区茶冷口测风塔(29003)	50	0.618	365	224.666	0.01
		70	0.616	365	222.072	0.01
小灶火	青海中部详查区小灶火测风塔(29004)	50	0.735	365	427.678	0.01
		70	0.748	365	460.382	0.01
	青海中部详查区诺木洪测风塔(29005)	50	0.516	365	132.086	0.01
		70	0.514	365	130.697	0.01
	青海中部详查区德令哈戈壁测风塔(29006)	50	0.350	365	50.815	0.01
		70	0.358	365	53.510	0.01
刚察	青海湖详查区快马尔测风塔(29007)	50	0.533	365	144.443	0.01
		70	0.526	365	139.232	0.01
	青海湖详查区青海湖刚察测风塔(29008)	50	0.910	365	1747.845	0.01
		70	0.875	365	1190.353	0.01
	青海湖详查区沙珠玉测风塔(29009)	50	0.820	365	747.111	0.01
		70	0.816	365	725.351	0.01
	过马营详查区过马营测风塔(29010)	50	0.647	365	262.085	0.01
		70	0.628	365	237.041	0.01
	过马营详查区黄沙头测风塔(29011)	50	0.401	365	69.747	0.01
		70	0.406	365	71.843	0.01
五道梁	五道梁详查区五道梁测风塔(29012)	50	0.629	365	237.306	0.01
		70	0.625	365	233.415	0.01

2)观测年度风速大小年景分析

根据 5 个详查区内 12 个测风点 4 个参证站的历史沿革及相应历史平行观测记录,对其 1991—2010 年观测年度平均风速序列进行高度(10 m 高度)均一化订正。各参证站 1991—

2010 年订正前后年平均风速变化见图 4.35。

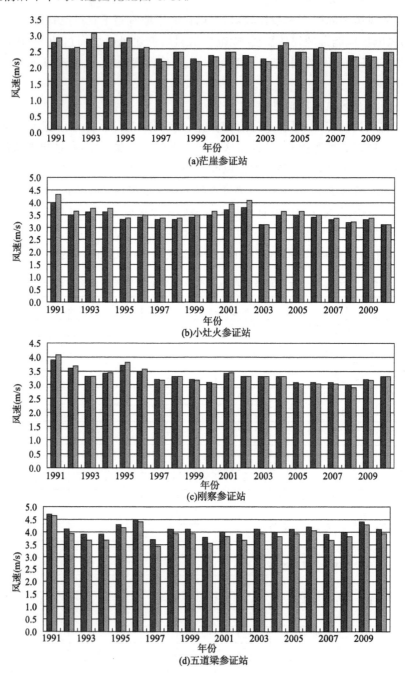

图 4.35　1991—2010 年各详查区参证站订证前后逐年年平均风速直方图
■ 订正前　▨ 订正后

　　茫崖参证站:年平均风速在 2.2～2.8 m/s 之间,1991—2010 年年平均风速呈减小的趋势,平均每 10 年减小 0.19 m/s,其中 1997—2003 年风速减小速度较快。该站 1991—2010 年没有迁过站,所以风速订正前后相差不大。

　　小灶火参证站:年平均风速在 3.1～4.0 m/s 之间,1991—2010 年年平均风速呈减小的趋势,平均每 10 年减小 0.23 m/s,该期间没有迁过站,但 2003 年以后年平均风速减小,2003 年前后平均风速相差 0.3 m/s。

刚察参证站:年平均风速在 3.0～3.9 m/s 之间,1991—2010 年年平均风速呈明显减小的趋势,平均每 10 年减小 0.28 m/s,在分析时段内没有迁过站,订正前后年平均风速差别不大。

五道梁参证站:年平均风速在 3.7～4.7 m/s 之间,1991—2010 年年平均风速呈减小的趋势,平均每 10 年减小 0.12 m/s,在分析时段内没有迁过站,订正前后年平均风速差别不大。

计算参证站观测年度年平均风速相对本站近 20 年累年平均风速距平百分率(η),计算公式为:

$$\eta = \frac{V - \overline{V}}{V} \times 100 \ \%$$
(4.5)

式中,V 为参证站在现场观测时段的平均风速,$\overline{V}$ 为参证站累年平均风速,计算结果见表 4.18。

表 4.18　各参证站观测年度风速年景

参证站(区站号)	累年年平均风速(m/s)	观测年平均风速(m/s)	风速距平百分率 η(%)
茫崖气象站(51886)	2.44	2.39	−2.05
小灶火气象站(52707)	3.41	3.24	−5.24
刚察气象站(52754)	3.32	3.31	−0.30
五道梁气象站(52908)	4.11	4.08	−0.74

从表 4.18 可看出,各参证站观测年度风速年景均为负值,在 −5.24%(小灶火)～ −0.30%(青海湖刚察)之间,与多年平均值比较,变化范围不太大,仍然属于比较平稳的变化。究其原因,主要是因为近年来随着气候变暖,欧亚西风环流指数减小,青海省冷空气活动明显减弱,年平均风速有所减小。

依据相似性分析,5 个风能资源详查区分别以茫崖、小灶火、刚察和五道梁为代表评估年度风速的大小年景。其中,刚察作为青海湖详查区和过马营 2 个详查区的参证站。

茫崖详查区参证站——茫崖站:观测年平均风速为 2.39 m/s,近 20 年累年平均风速为 2.44 m/s,风速距平百分率为 −2.05%,为平风年景。

青海省中部详查区参证站——小灶火站:观测年平均风速为 3.24 m/s,近 20 年累年平均风速为 3.41 m/s,风速距平百分率为 −5.24%,为小风年景。

青海湖详查区和过马营详查区参证站——刚察:观测年平均风速为 3.31 m/s,近 20 年累年平均风速为 3.32 m/s,风速距平百分率为 −0.30%,为平风年景。

五道梁详查区参证站——五道梁站:观测年平均风速为 4.08 m/s,近 20 年累年平均风速为 4.11 m/s,风速距平百分率为 −0.74%,为平风年景。

在全球气候变化影响下,亚洲纬向环流加强、经向环流减弱、亚洲冬季和夏季风减弱导致中国中高纬度地区冷空气活动次数减少(时兴合等,2005)。近年来青海省气候发生了一定的变化,表现为气温升高、风速减小等。通过计算参证站观测年和累年平均风速距平百分率发现,4 个参证站观测年度风速多为平风年景。

3)长年代风能资源估算

根据表 4.18 给出的参证站风速距平百分率 η 和表 4.19 给出的测风点观测年度的平均风速值 V,得出测风点长年代年平均风速($\overline{V}$)订正公式:

$$\overline{V} = V \cdot (1 - \eta)$$
(4.6)

长年代风功率密度 $\overline{D_{\mathrm{WP}}}$ 的计算公式为:

$$\overline{D_{\mathrm{WP}}} = D \cdot (1 - \eta)^3 \tag{4.7}$$

式中,D 为测风塔观测时段的风功率密度。

表 4.19 各测风塔长年代平均风能参数估算结果

测风点		测风塔高度(m)	年平均风速(m/s)	年平均风功率密度(W/m²)	50 m 高度风资源等级
茫崖详查区	茫崖测风塔 (29001)	10	6.4	278.1	4
		30	7.2	401.7	
		50	7.5	472.6	
		70	7.7	488.3	
	黄瓜梁测风塔 (29002)	10	4.1	93.9	1
		30	4.6	134.0	
		50	4.8	150.5	
		70	5.2	199.3	
		100	5.3	209.6	
	茶冷口测风塔 (29003)	10	4.2	121.9	1
		30	5.0	175.8	
		50	5.3	194.9	
		70	5.4	208.7	
青海中部详查区	小灶火测风塔 (29004)	10	5.1	109.3	1
		30	5.3	138.7	
		50	5.4	140.0	
		70	5.5	148.7	
	诺木洪测风塔 (29005)	10	5.9	187.3	3
		30	6.9	298.2	
		50	7.1	342.8	
		70	7.4	400.1	
	德令哈戈壁测风塔 (29006)	10	3.7	64.4	1
		30	4.3	100.2	
		50	4.7	125.9	
		70	4.9	141.4	
青海湖详查区	快尔玛测风塔 (29007)	10	5.2	127.1	2
		30	6.3	225.7	
		50	6.4	232.7	
		70	6.6	241.8	
	青海湖刚察测风塔 (29008)	10	5.2	164.0	1
		30	5.4	190.2	
		50	5.5	190.8	
		70	5.7	217.3	
		100	5.9	239.9	
	沙珠玉测风塔 (29009)	10	4.6	146.1	2
		30	5.4	233.2	
		50	5.5	261.0	
		70	5.7	283.1	

续表

测风点		测风塔高度(m)	年平均风速(m/s)	年平均风功率密度(W/m²)	50 m 高度风资源等级
过马营 详查区	过马营测风塔 (29010)	10	4.3	76.0	1
		30	4.8	116.9	
		50	5.1	134.8	
		70	5.2	132.1	
	黄沙头测风塔 (29011)	10	4.2	70.3	1
		30	4.7	114.8	
		50	4.9	118.8	
		70	5.0	127.4	
五道梁 详查区	五道梁测风塔(29012)	10	6.4	234.5	2
		30	6.8	286.1	
		50	7.1	295.4	
		70	7.3	346.6	

参考《风电场风能资源评估方法》(GB/T 18710—2002)风功率密度等级划分标准,以50 m 高度的平均风功率密度值为标准,各测风塔各高度层长年代平均风能资源计算参数见表 4.19 和图 4.36。由表 4.19 可以看出,茫崖(29001)风能资源等级较高,为 4 级(400~500 W/m²),诺木洪(29005)风能资源等级为 3 级(300~400 W/m²),快尔玛(29007)、沙珠玉(29009)和五道梁(29012)风能资源等级为 2 级(200~300 W/m²),黄瓜梁(29002)、茶冷口(29003)、小灶火(29004)、德令哈戈壁(29006)、青海湖刚察(29008)、过马营(29010)和黄沙头(29011)为 1 级(<200 W/m²)。整体来看,风能资源比较丰富。

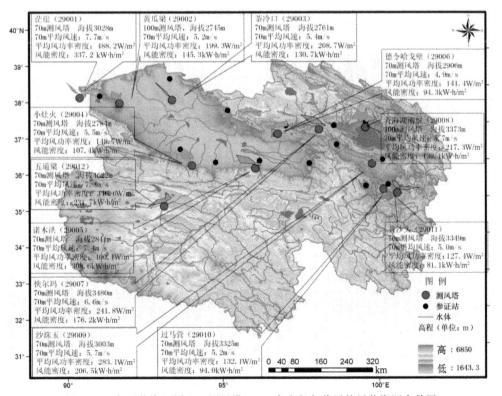

图 4.36　各风能资源详查区测风塔 70 m 高度长年代平均风能资源参数图

3. 重现期(50 年一遇)10 min 平均最大风速估算

1)参证气象站资料取样说明

依据参证气象站最大风速与同期测风塔最大风速相关系数高和参证气象站最大风速历史变化相对稳定的原则,筛选出各风能资源详查区内参证气象站点(杨振斌等,2001;植石群等,2001)。茫崖详查区可选取茫崖和冷湖为参证站;青海省中部详查区可选取小灶火、格尔木和大柴旦为参证站;青海湖详查区和过马营详查区可选择刚察、共和、天峻和贵南为参证站;五道梁详查区可选择五道梁为参证站。

各风能资源详查区相应的参证气象站历年 10 min 平均最大风速的变化特征如下(图 4.37):

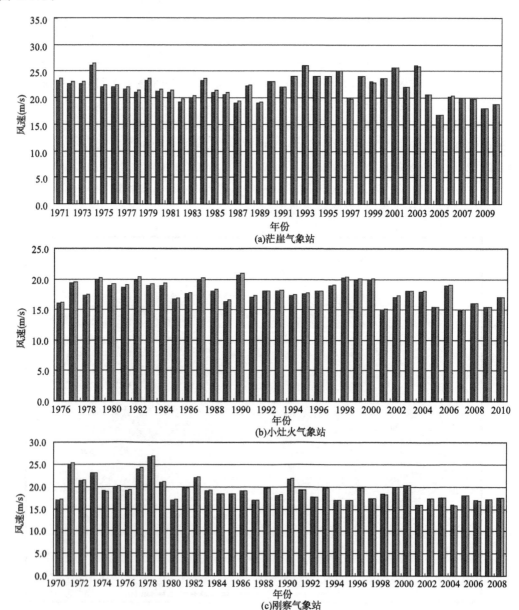

(a)茫崖气象站

(b)小灶火气象站

(c)刚察气象站

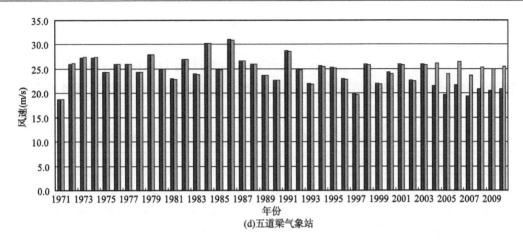

图 4.37　各参证气象站历年订证前后 10 min 平均最大风速直方图

■ 订正前　　　■ 订正后

茫崖详查区：茫崖 1971—2010 年间，10 min 平均最大风速表现为微弱的减小趋势，线性倾向率为 -0.3(m/s)/10 a，未达到显著性水平。从年代际变化可以看出，20 世纪 70 年代初—70 年代末期为平均最大风速大值期，80 年代初—90 年代初，平均最大风速低值阶段，90 年代初以后平均最大风速有较显著的增大趋势，而进入 21 世纪后，平均最大风速逐年减小倾向明显。冷湖 1983—2010 年间，平均最大风速表现为显著的减小趋势，线性倾向率为 -2.8(m/s)/10 a。近 28 年来，冷湖风速变化年际波动明显，分别经过了两个大、小值交替阶段，转折点分别在 1990、1998 和 2003 年，进入 21 世纪后，风速有明显减小趋势。

青海省中部详查区：区内 3 个气象站历年 10 min 平均最大风速整体表现出明显的减小趋势，平均递减率为 1.5(m/s)/10 a，其中大柴旦和格尔木站达到显著性水平，线性倾向率均为 -1.9(m/s)/10 a。各站年际波动不明显，大柴旦和格尔木站自 20 世纪 80 年代初、90 年代初后平均最大风速具有减小趋势。近几年，3 站平均最大风速减小趋势更加明显。

青海湖详查区和过马营详查区：近 40 年来，两个区 10 min 平均最大风速除共和有微弱的增大外，区内其他 3 个参证气象站 10 min 平均最大风速均呈较小的减弱趋势，刚察、天峻和贵南递减率分别为 1.2(m/s)/10 a、1.1(m/s)/10 a 和 2.5(m/s)/10 a，且 3 站均无明显的年代际变化。共和在 1991—2003 年经过一个平均最大风速的大值阶段，但在 2003 年前后区内 4 站平均最大风速总体有明显减小的趋势，贵南风速减小趋势显著。总体看，区内平均最大风速均表现出一致减小的趋势。

五道梁详查区：1972—2010 年间，五道梁 10 min 平均最大风速有小幅的减小趋势，但不显著，线性倾向率为 -1.1(m/s)/10 a。近 29 年来没有明显的年际、年代际变化，进入 21 世纪后，平均最大风速减小的趋势较为明显。

由以上分析可以看出，空间上 10 min 平均最大风速的大值区主要分布在茫崖详查区和五道梁详查区，这主要是由于两地的地形狭管效应所致。从时间尺度来看，进入 21 世纪后，各详查区参证气象站平均最大风速均表现为不同程度的减小趋势。近年来，在全球气候变暖的大背景下，青海省气温升高显著，冷空气入侵的次数及持续的时间较往年有所减少，此外，气候变暖后大气环流随之发生变化，西风带减弱，风速减小，这是平均最大风速减小的主要原因之一。茫崖和冷湖气象站分别于 1988 年 1 月 1 日和 1994 年 1 月 1 日迁过站，这两个气象站迁站前后年按技术规定 10 min 最大风速进行了订正。其他的迁站记录也作了相应的处理。

　　2)相关检验和平均最大风速序列延长订正

　　采用各详查区测风塔 70 m 高度的日最大风速与相应的参证站同期日最大风速进行相关检验分析,得出各详查区测风塔与相应的参证站相关性检验参数(表 4.20),其显著性水平达到 0.001。

表 4.20　各详查区测风塔 70 m 高度与相应参证站相关性检验参数

参证站	测风塔	相关系数 R	样本个数 n	统计量 F	显著性水平	延长订正系数
茫崖气象站 (51886)	茫崖详查区茫崖测风塔(29001)	0.317	365	40.664	0.001	1.054
	茫崖详查区黄瓜梁测风塔(29002)	0.718	365	387.327	0.001	1.311
	茫崖详查区茶冷口测风塔(29003)	0.536	365	110.104	0.001	1.245
小灶火气象站 (52707)	青海省中部详查区小灶火测风塔(29004)	0.800	365	647.079	0.001	1.057
	青海省中部详查区诺木洪测风塔(29005)	0.539	365	148.643	0.001	1.286
	青海省中部详查区德令哈戈壁测风塔(29006)	0.331	365	45.771	0.001	1.338
刚察气象站 (52754)	青海湖详查区快尔玛测风塔(29007)	0.750	365	466.714	0.001	1.375
	青海湖详查区青海湖刚察测风塔(29008)	0.907	365	1719.603	0.001	1.124
	青海湖详查区沙珠玉测风塔(29009)	0.752	365	472.451	0.001	1.299
	过马营详查区过马营测风塔(29010)	0.541	365	250.391	0.001	1.291
	过马营详查区黄沙头测风塔(29011)	0.491	365	86.405	0.001	1.652
五道梁气象站 (52908)	五道梁详查区五道梁测风塔(29012)	0.442	365	74.040	0.001	1.174

　　由于大风和小风状况的相关关系明显不同,而抗风计算主要关注大风,因而,在满足统计样本数量的前提下,筛选大风速样本,并进行相关检验和延长订正系数的计算。

　　3)重现期(50 年一遇)10 min 平均风速估算

　　根据各参证站 1971—2010 年共 40 年的逐年 10 min 平均最大风速序列,采用国家规范推荐的极值 I 型分布函数,计算各参证站 10 m 高度重现期为 50 年的 10 min 平均最大风速,结果列于表 4.21。

　　根据各测风塔的延长订正系数,推算出各详查区测风塔 70 m 高度、50 年一遇 10 min 平均最大风速结果。利用标准空气密度 1.225 kg/m³ 计算出各详查区测风塔 70 m 高度 50 年一遇标准空气密度下 10 min 平均最大风速值(表 4.21)。

表 4.21　各测风塔 50 年一遇 10 min 平均最大风速(单位:m/s)

参证站	详查区名称测风塔名称(编号)	10 m 高 50 年一遇 10 min 平均最大风速	70 m 高 50 年一遇 10 min 平均最大风速	标准空气密度 70 m 高 50 年一遇 10 min 平均最大风速
茫崖气象站 (51886)	茫崖详查区茫崖测风塔(29001)	34.0	44.2	37.4
	详查区黄瓜梁测风塔(29002)	34.0	36.4	31.3
	崖查详茫区茶冷口测风塔(29003)	34.0	38.0	32.7
小灶火气象站 (52707)	青海省中部详查区小灶火测风塔(29004)	22.8	38.2	31.4
	青海省中部详查区诺木洪测风塔(29005)	22.8	40.1	33.3
	青海省中部详查区德令哈戈壁测风塔(29006)	22.8	39.4	33.4

续表

参证站	详查区名称测风塔名称(编号)	10 m 高 50 年一遇 10 min 平均最大风速	70 m 高 50 年一遇 10 min 平均最大风速	标准空气密度 70 m 高 50 年一遇 10 min 平均最大风速
刚察气象站 (52754)	青海湖详查区快马尔测风塔(29007)	26.4	37.4	31.0
	青海湖详查区青海湖刚察测风塔(29008)	26.4	43.8	36.5
	青海湖详查区沙珠玉测风塔(29009)	26.4	39.4	33.3
	过马营详查区过马营测风塔(29010)	26.4	37.4	30.9
	过马营详查区黄沙头测风塔(29011)	26.4	37.0	30.7
五道梁气象站 (52908)	五道梁详查区五道梁测风塔(29012)	32.2	41.8	32.6

第5章　青海省太阳能、风能评估服务系统建设

5.1　太阳能资源评估服务系统

5.1.1　技术线路

根据本项目的需求,数据库管理和展示平台的建设采用 Visual Studio 语言进行开发,SQL SERVER 2005 作为数据库的存储和管理平台,GIS 平台选用 ArcGIS Engine SDK 10 进行数据插值和空间数据的显示。

1. Visual Studio .NET2008 开发环境

.NET 平台是一种功能完备、稳定可靠、安全快速的企业级计算平台,通过 .NET 平台,可以快速地构建分布式、可扩展、可移植、安全可靠的展示平台,提高应用开发的有效性,保障业务逻辑和组件的重用性,提高应用的性能,如高运行性能和响应时间以及可伸缩性和可靠性等。

2. ArcGIS Engine

ArcGIS 是美国 ESRI(Environmental Systems Research Institute,美国环境系统研究所)推出的一条为不同需求层次用户提供的全面的、可伸缩的 GIS 产品线和解决方案。ArcGIS Engine 是由一组核心 ArcObjects 包组成,其对象是与平台无关的,能够在各种编程接口中调用,开发人员能够通过它提供的强大的工具构建定制的 GIS 和制图应用。

3. SQL SERVER 2005

微软的大型关系数据库 SQL SERVER 2005 为关系型数据和结构化数据提供了更安全可靠的存储功能,可以构建和管理用于业务的高可用性和高性能的数据应用程序。

4. 总体框架(图 5.1)

5.1.2　太阳辐射估算

1. 气候模式估算

气候模式估算时需要用到高程数据、纬度分布图和日照时数百分率分布图。高程数据和纬度分布图是固定的,以文件形式存储在工程文件夹中,日照时数百分率图由站点观测的日照时数百分率数据插值生成。

1)日照时数百分率数据插值

日照时数百分率数据插值时一般采用 Kriging(克里金)插值方法,这时就需要 ArcGIS Engine(简称 AE)的空间分析中的 Kriging 插值功能。Kriging 插值可调整的参数有半变异模型、像元大小、搜索半径及半径内的点个数。如果搜索半径内点个数为 0,会采用默认值 12。如果搜索半径为 0,则采用默认值 40000。插值的范围默认采用青海省边界最小矩形范围,最后还需要利

用青海省边界矢量数据剪裁出青海省范围内的数据。插值后生成的日照时数百分率数据为 TIFF 格式,栅格文件保存到文件夹中,产品相关信息保存到数据库中的产品信息数据库中。

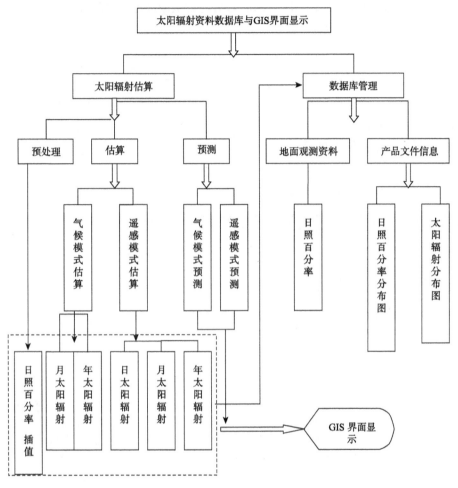

图 5.1　太阳能资源评估服务系统总体框架

2)太阳辐射估算

利用日照时数百分率数据插值后的结果就可以估算太阳辐射。太阳辐射分为月太阳辐射和年太阳辐射。由日照时数百分率的月平均值计算日平均太阳辐射后乘上当月的天数,得到月太阳辐射值,年太阳辐射由 12 个月太阳辐射值累计得到。由于太阳辐射的估算模式中涉及较多中间参数的计算,因此就要用到较多的矩阵计算,本文采用矩阵计算速度相对较快的 GDAL 开源库进行计算,但此时又会出现一个问题,计算出的太阳辐射栅格数据文件的统计信息和投影信息无法在 AE 中调用显示,所以在生成栅格数据文件后,还要利用 AE 的功能为栅格文件加上统计信息和投影信息。

2. 遥感模式估算

遥感模式估算太阳辐射是应用卫星资料估算太阳辐射,模式中使用的卫星资料是 FY—2C 静止气象卫星资料红外通道 1 和可见光通道 5。FY—2C 静止气象卫星资料数据格式是中国气象局卫星气象中心自定义的数据格式,它由文件头、定标表和通道数据 3 个部分组成,需要用文件流读取。模型中大气透射率和地表反照率与通道1、5数据之间的关系存放在文本文件中,在太阳能估算过程中加载进来。由于FY—2C静止气象卫星资料的覆盖范围为中国全境,所以估算出的太阳辐射分布图需要利用ArcGIS Engine按青海省范围进行数据裁剪。

5.1.3 系统介绍

产品计算和展示界面主要用来查询和以GIS方式显示辐射产品。菜单中的主要功能有:

预处理:地面观测日照时数百分率资料入库,日照时数百分率插值;

评估:气候模式太阳辐射的月评估和年评估,遥感模式太阳辐射的时评估;

预测:气候模式预测;

数据库:打开数据库管理界面。

1. 预处理

1)太阳辐射产品计算和展示界面(图5.2)

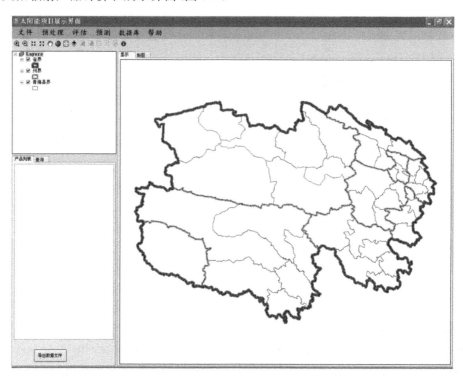

图5.2 太阳辐射产品计算和展示界面

2)地面观测日照时数百分率资料入库界面(图5.3)

将文本文件中保存的日照时数百分率资料导入数据库中。文件中每行记录如果由4部分组成则认为是月资料,如果由5部分组成则认为是日资料,其他格式的数据将不会被导入。

3)日照时数百分率资料插值界面(图5.4)

将各个站地面观测的日照时数百分率资料按照Kriging插值方法,插值成面状数据。Kriging插值中的主要参数半变异模型、像元大小、搜索半径及半径内的点个数等根据需要进行更改。各个站点的日照时数百分率资料是以年份和月份为条件自动从数据库中搜索到的,如果数据库中的资料不全,将无法进行插值。

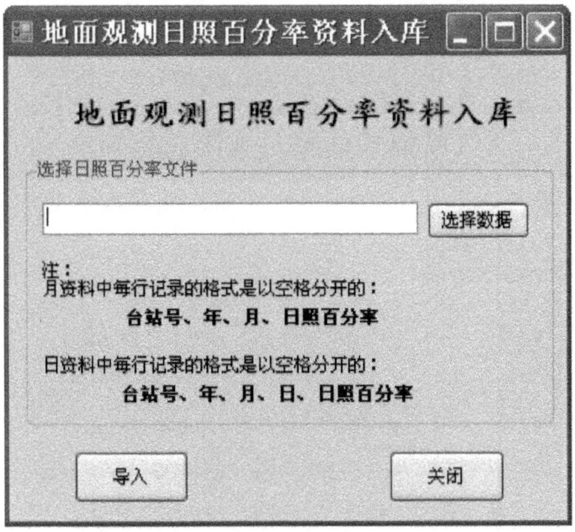

图 5.3　地面观测日照时数百分率资料入库界面

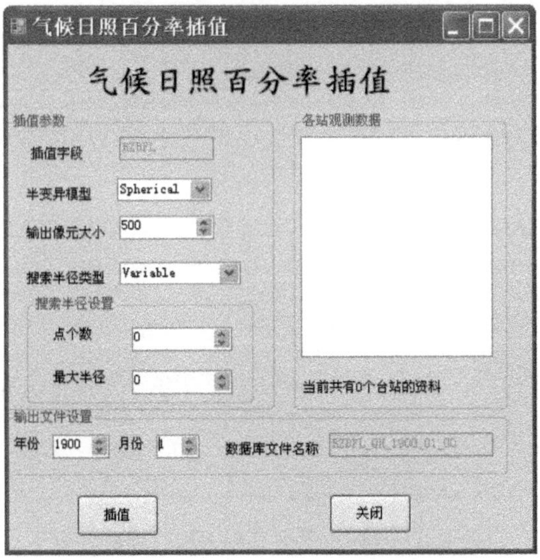

图 5.4　日照时数百分率资料插值界面

4）气候模式估算月太阳总辐射界面（图 5.5）

利用日照时数百分率、高程和纬度计算月太阳总辐射。高程和纬度分布图是系统自带的，日照时数百分率分布图有两种方式获得，一是根据年份和月份自动从数据库中搜索，另一种是数据库以外的其他资料。

5）气候模式估算年太阳总辐射界面（图 5.6）

根据月资料太阳辐射估算年太阳总辐射。月太阳总辐射由系统根据年份从数据库中自动搜索，如果月资料不足 12 个月，将无法估算年太阳总辐射。

6）遥感模式估算时太阳总辐射界面（图 5.7）

此界面的功能是利用卫星资料根据遥感模式估算时太阳辐射，并将生成的太阳辐射分布图存放到数据库文件夹，相应的产品信息存放到数据库。当选择卫星资料后，系统会自动读取文件信息,填写到数据库信息中。

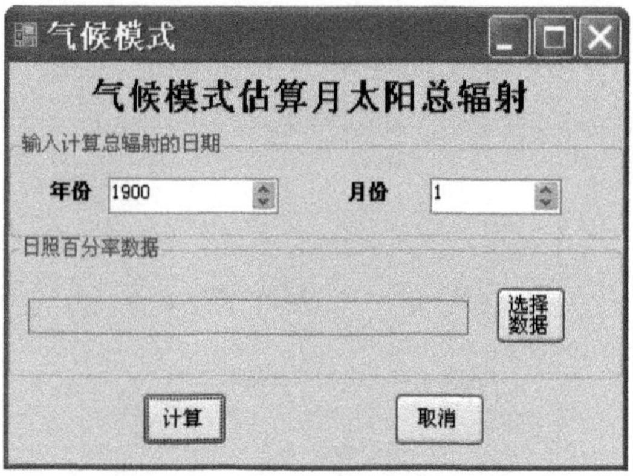

图 5.5 气候模式估算月太阳总辐射界面

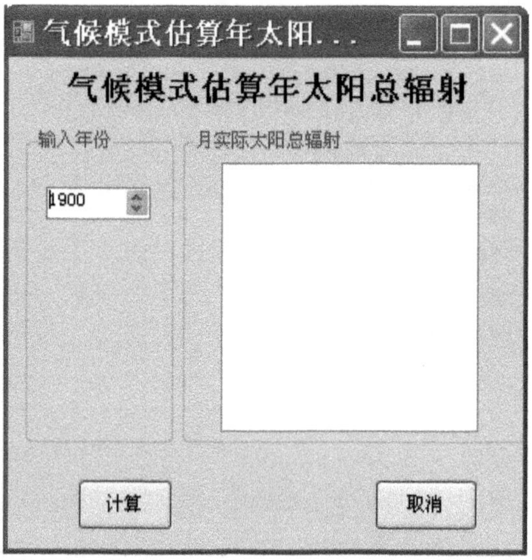

图 5.6 气候模式估算年太阳总辐射界面

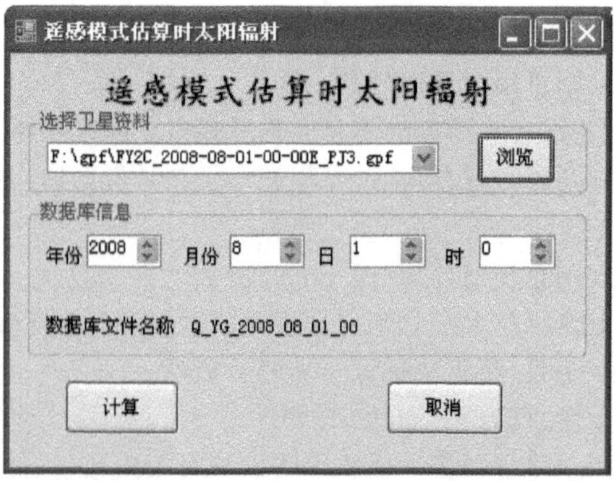

图 5.7 遥感模式估算时太阳辐射界面

2. 估算与预测结果界面

估算结果见图 5.8～图 5.11,预测结果见图 5.12 和图 5.13。

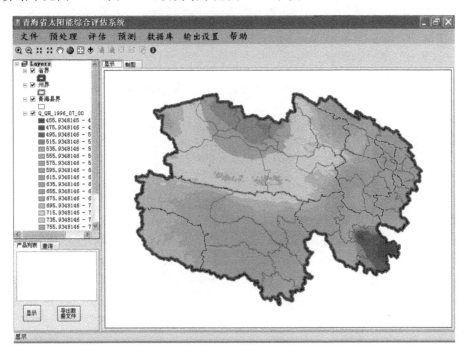

图 5.8　气候模式估算月太阳辐射

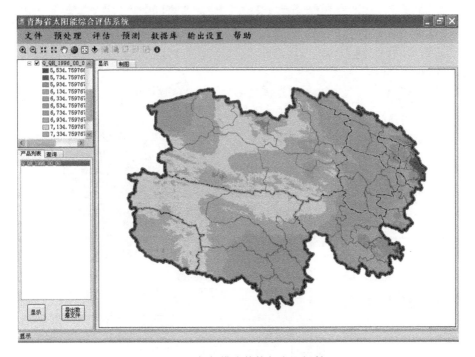

图 5.9　气候模式估算年太阳辐射

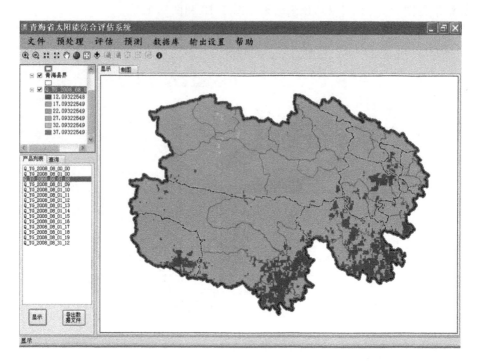

图 5.10　遥感模式估算时太阳辐射

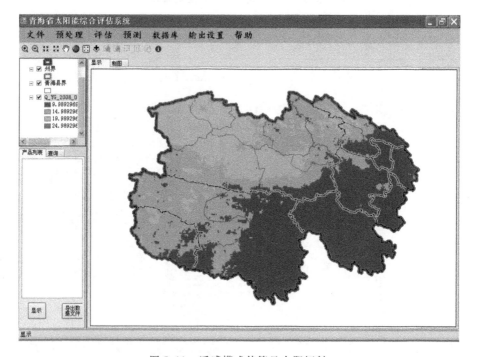

图 5.11　遥感模式估算日太阳辐射

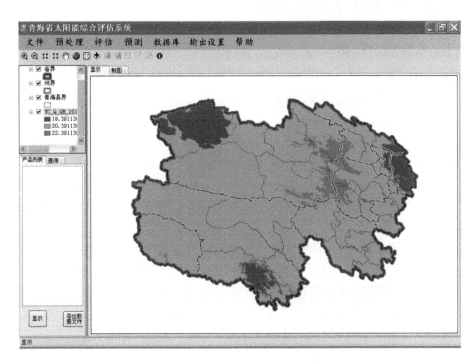

图 5.12　气候模式预测日太阳辐射

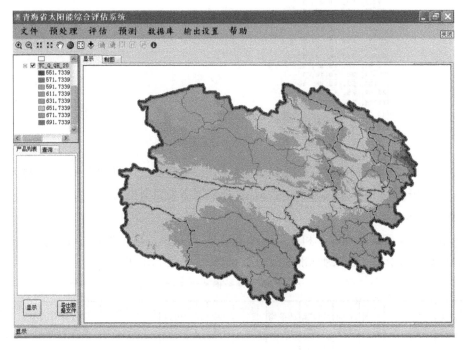

图 5.13　气候模式预测月太阳辐射

5.2　风能资源评估服务系统

5.2.1　数据质量控制

1. 风速仪检定表

风速仪检定表是一个标准风速(风速真值,一般为风速仪在风洞中检测得到的风速值)和风速仪指示值的线性订正方程,其公式为:

$$Y = aX + b \tag{5.1}$$

式中,Y 为标准风速,X 为风速仪指示值,a 和 b 为检定方程系数。

该检定表在下一节叙述的"原始数据格式转换"过程中使用,对原始数据进行检定订正,若原始数据记录仪已输入检定方程系数或认为原始数据无需检定订正,则不需要编辑风速仪检定表。操作步骤:

1)点击"数据质量控制"—>"风速仪检定表",弹出记事本窗口,内容为系统文件"jianding. ini",如图 5.14 所示,每个风速仪有一行记录,分别为测站名、测风高度和线性订正方程系数 a、b。

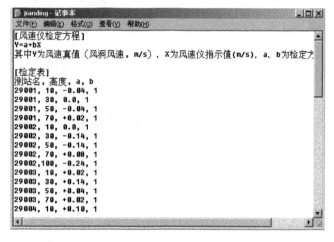

图 5.14　风速仪检定表

2)在文件末尾添加新的风速仪记录,注意测站名(包括英文字母的大小写)应与下节"原始数据格式转换"中所述的测站名严格一致,且文件末尾不能留有空行。

2. 原始数据格式转换

由于常用的测风仪器有国产和进口的多种型号,所采集的数据格式各不相同,为便于数据库管理和计算,在此统一处理为标准的逐时数据格式,如表 5.1 所示。

表 5.1　标准数据格式示例

年	月	日	21时风向	21时风速	……	20时风向	20时风速	日风速合计	日平均风速	极大风速的风向	极大风速	极大风速出现时间	10分钟平均最大风速的风向	10分钟平均最大风速	10分钟平均最大风速出现时间
07	04	01	158	81	……	180	36	1777	74	203	133	11:55	158	98	06:21

注:风向单位:度,0 度表示北风,90 度表示东风,180 度表示南风,270 度表示西风。风速单位:0.1 m/s。"−1"或"32766"表示数据缺测。每日(一行)时间是前一日的 21 时至当日的 20 时。

操作步骤：

1）NRG92 数据格式转换

点击"数据质量控制"—>"原始数据格式转换"—>"NRG92 数据格式转换"，界面如图 5.15所示。选择 NRG92 原始数据文件名(.txt)，输入测站名和各数据采集通道测风高度，在有风向观测的通道选中风向观测的复选框，注意风速通道和风向通道的设置顺序要一致。目前 NRG92 测风仪一般只能设置 3 层，因此系统将观测层数设定为 3，不能改变。

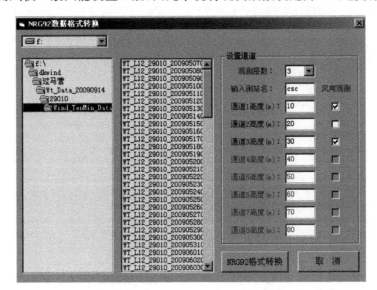

图 5.15 NRG92 数据格式转换

点击"NRG92 格式转换"进行数据转换，若测风仪没有进行检定，即在系统文件"jianding. ini"中没有该测风仪的记录，系统将提示"该测风仪的数据将不作检定订正"，转换后的数据文件名形式为"站名_高度.txt"，例如"HLD1_10.txt"存放在系统所在文件夹下的 Output 文件夹（即：AppPath\Output\，以下简称"Output_Path"）。NRG92 原始数据记录逐 10 min 的平均风速和风向，转换为逐时风速时，取该小时内 6 个 10 min 风速的平均值，逐时风向则取 6 个 10 min 风向的最多风向，若最多风向多于一个，则取最靠近正点的一个。

测站名最好以风场的拼音简写字母命名，再加上数字序号，例如风场名为青海省，建有 12 个测风站，各站可命名为 29001、29002、……、29012。进入数据库时，数据表名称是与上述标准数据文件名一致的，例如 29010，其计算结果文件命名也以该文件名为基础（见下述部分），这样同一风场的数据表及其计算结果文件就会集中在一起，并且按顺序排列，方便计算过程中数据表及其计算结果文件的选择，以及图和表结果的排列。

2）NRG99(NRG Symphonie)数据格式转换

点击"数据质量控制"—>"原始数据格式转换"—>"NRG99 数据格式转换"。转换前需要把某个测风站的全部原始数据文本文件(.txt)存放在同一个文件夹下，不能再有其他无关文件，并且同一天的数据要合并起来。选择 NRG99 原始数据所在的文件夹，设定观测层数（最多 8 层）、测站名和各通道测风高度，在有风向观测的通道选中风向观测的复选框，注意风速通道和风向通道的设置顺序要一致。

　　点击"NRG99 格式转换"进行数据转换,若测风仪没有进行检定,即在系统文件"jianding. ini"中没有该测风仪的记录,系统将提示"该测风仪的数据将不作检定订正",转换后的数据文件名形式为"站名_高度 . txt",例如"29008. txt",存放路径为"Output_Path"。

　　3)NOMAD2 数据格式转换

　　点击"数据质量控制"－>"原始数据格式转换"－>"NOMAD2 数据格式转换",界面如图 5.16 所示。选择 NOMAD2 原始数据文件(.CSV),设定测站名和各通道测风高度,在有风向观测的通道选中风向观测的复选框,注意风速通道和风向通道的设置顺序要一致。

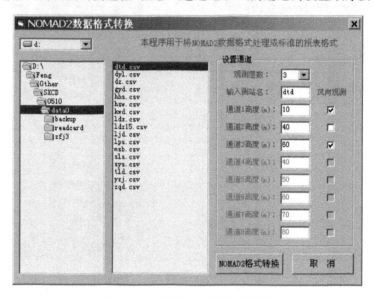

图 5.16　NOMAD2 数据格式转换

　　点击"NOMAD2 格式转换"进行数据转换,若测风仪没有进行检定,即在系统文件"jianding. ini"中没有该测风仪的记录,系统将提示"该测风仪的数据将不作检定订正",转换后的数据文件名形式为"站名_高度 . txt",例如"SCD1_10. txt",存放路径为"Output_Path"。

　　4)ZFJ2 数据格式转换

　　点击"数据质量控制"－>"原始数据格式转换"－>"ZFJ2 数据格式转换",输入 ZFJ2 原始数据文件名,点击"确定"进行数据转换。

　　5)ZFJ3_GSM 数据格式转换

　　点击"数据质量控制"－>"原始数据格式转换"－>"ZFJ3_GSM 数据格式转换",输入ZFJ3_GSM 原始数据文件名,点击"确定"进行数据转换。

　　3. 插补订正

　　缺测数据的插补订正是针对测风塔某层次某时段数据缺测(包括无效数据)而采取的数据补救措施。观测数据在满足《风电场气象观测及资料审核、订正技术规范》(QX/T 74—2007)中第 9.1.1 条规定的插补订正条件后,按照 9.1.2 和 9.1.3 条推荐的数据选取原则,选取用于订正的参照数据。本计算系统给出了线性回归法和比值法两种插补订正方法,根据 QX/T 74—2007 的推荐,插补订正采用比值法。

操作步骤：

1)测风数据相关分析

点击"数据质量控制"－＞"插补订正"，界面如图5.18 所示。输入被插补订正的数据文件和参证站数据文件名,注意文件格式应与 5.2.1 节所述的标准数据文件格式一致,即风向是 0—360 表示的逐时数据格式,分隔符为空格。样本可选择日平均风速、日最大风速或逐时风速,还可设定风速阈值,点击"相关分析"后得到结果如图 5.17 所示,包括样本总数、线性回归方程表达式、相关系数 R、t 检验值、F 检验值和两站数据样本的平均比值。

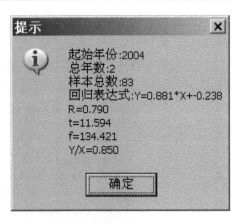

图 5.17　测风数据相关分析结果

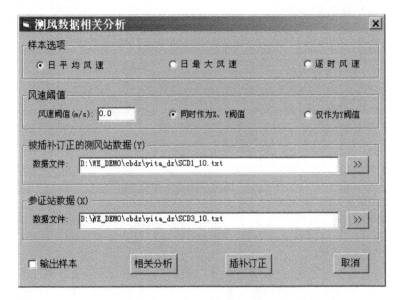

图 5.18　测风数据相关分析界面

2)插补订正

点击"插补订正",界面如图 5.19 所示。各类订正说明：

(1)异塔进行风速订正：即采用与缺测点不同的测风站作为参证站进行风速数据订正。在"相关分析"窗口中,分别输入被插补订正测风站和参证站数据文件名,点击"相关分析",相关通过后点击"插补订正",选择相应的方法,完成订正操作。系统生成两种订正数据文件,一个是文件名以 EXT 结尾的数据文件,代表全部数据来自订正计算值,另一个是文件名以 CRT 结尾的数据文件,代表只有缺测数据被订正计算值取代,原有的正确数据被保留。

(2)同塔进行风速订正：若某测风塔某一层测风数据中,风向正常而风速缺测或异常,可保留其正常的风向,而利用同塔的其他观测层进行风速订正,在此不需要进行风速相关分析,只在"相关分析"的窗口中分别输入被插补订正数据和参照数据文件名,直接点击"插补订正"完成订正操作。生成的订正数据文件是文件名以 EXT 结尾的数据文件。

(3)风向标记为缺测：某时段某塔某层的风向人为判断不真实,可以用"－1"将其标记为缺测,以统计数据有效完整率并得到正确的计算结果。

（4）风速标记为缺测：某时段某塔某层的风速人为判断不真实，可以用"－1"将其标记为缺测，以统计数据有效完整率。

（5）若某阶段风向出现系统性偏差，本计算系统还可以方便地进行风向角度系统性偏差的订正。

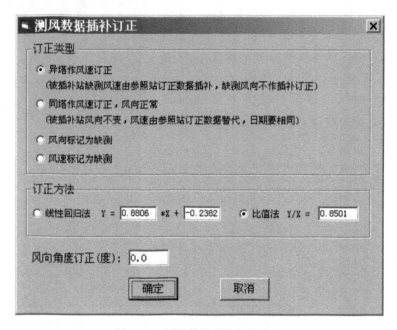

图 5.19　测风数据插补订正界面

5.2.2　参数计算

1. 风能参数单层计算

点击"参数计算"—＞"风能参数单层计算"，如图 5.20 所示，选择需要计算的数据表（测风站_高度），输入空气密度和起止时间即可进行计算，风能参数单层计算结果如图 5.21 所示，可以查看计算得到的各个参数：

1）全方位风能参数：平均风速、平均风功率密度、有效风功率密度（风速在 3.0～25.0 m/s）、有效风能时数（风速在 3.0～25.0 m/s）、极大风速及出现时间、10 min 平均最大风速及出现时间。

2）各等级风速时数、频率和风能密度百分比，分为 27 个风速等级进行结果统计。

3）16 个方位各风向平均风速、频率（包括静风频率）、平均风功率密度、有效风功率密度、风能密度和风能密度百分比。

4）16 个方位各等级风速小时数及风能密度（共 13 个风速等级，即：3.0～25.0，4.0～25.0，5.0～25.0，6.0～25.0，7.0～25.0，8.0～25.0，9.0～25.0，10.0～25.0，11.0～25.0，12.0～25.0，13.0～25.0，14.0～25.0，≥15.0 且≤25.0）。

5）平均风速、平均风功率密度和有效风功率密度的日变化（全天 24 个时次的各时平均值）。

6）计算 Weibull 分布函数的 K、A 参数。

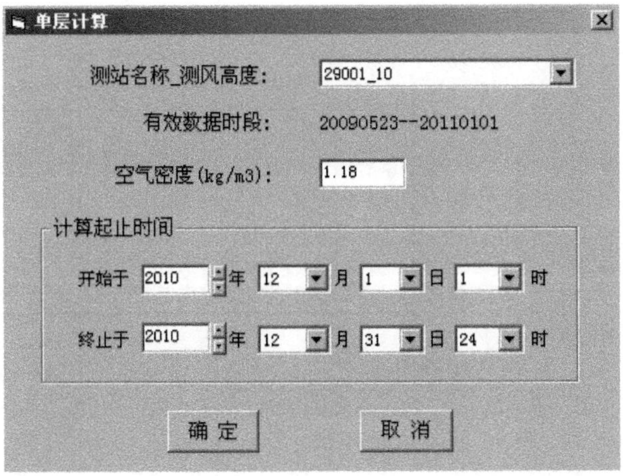

单层计算

测站名称_测风高度：　29001_10

有效数据时段：　20090523--20110101

空气密度(kg/m3)：　1.18

计算起止时间

开始于　2010　年　12　月　1　日　1　时

终止于　2010　年　12　月　31　日　24　时

确　定　　　　取　消

图 5.20　风能参数单层计算界面

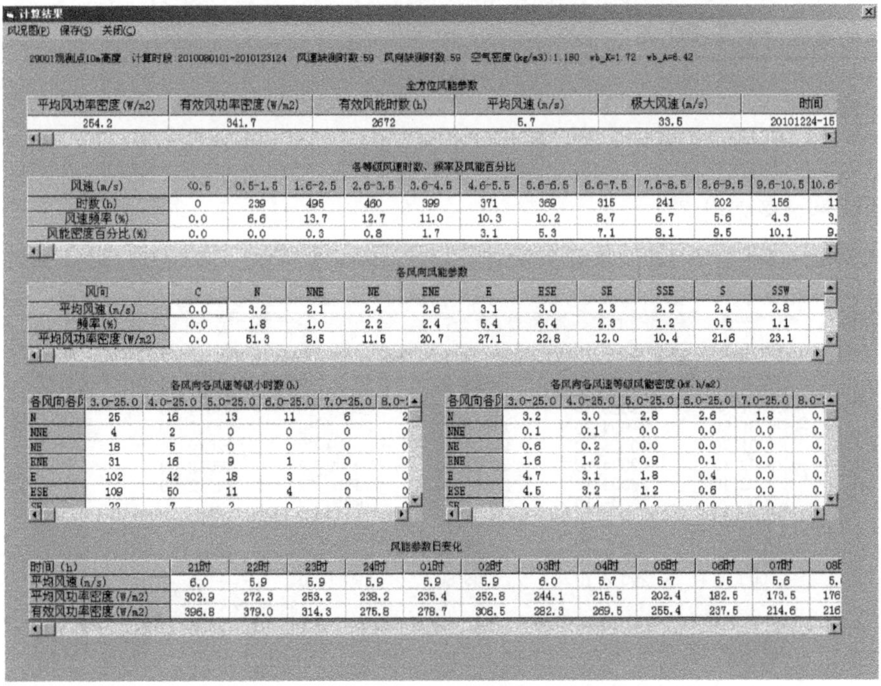

计算结果

风况图(E)　保存(S)　关闭(C)

29001测风点10m高度　计算时段 2010080101-2010123124　风速缺测时数 59　风向缺测时数 59　空气密度(kg/m3):1.180　wb_K=1.72　wb_A=6.42

全方位风能参数

平均风功率密度(W/m2)	有效风功率密度(W/m2)	有效风能时数(h)	平均风速(m/s)	极大风速(m/s)	时间
264.2	341.7	2672	5.7	33.5	20101224-15

各等级风速时数、频率及风能百分比

风速(m/s)	<0.5	0.5-1.5	1.6-2.5	2.6-3.5	3.6-4.5	4.6-5.5	5.6-6.5	6.6-7.5	7.6-8.5	8.6-9.5	9.6-10.5	10.6-
时数(h)	0	239	495	460	399	371	369	315	241	202	156	11
风速频率(%)	0.0	6.6	13.7	12.7	11.0	10.3	10.2	8.7	6.7	5.6	4.3	3.
风能密度百分比(%)	0.0	0.0	0.3	0.8	1.7	3.1	5.3	7.1	8.1	9.5	10.1	9.

各风向风能参数

风向(m/s)	C	N	NNE	NE	ENE	E	ESE	SE	SSE	S	SSW
平均风速(m/s)	0.0	3.2	2.1	2.4	2.6	3.1	3.0	2.3	2.3	2.2	2.4	2.8
频率(%)	0.0	1.8	1.0	2.2	2.4	5.4	6.4	2.3	1.2	0.5	1.1
平均风功率密度(W/m2)	0.0	51.3	8.5	11.5	20.7	27.1	22.8	12.0	10.4	21.6	23.1

各风向各风速等级小时数(h)

各风向各风	3.0-25.0	4.0-25.0	5.0-25.0	6.0-25.0	7.0-25.0	8.0-
N	25	16	13	11	6	2
NNE	4	2	0	0	0	0
NE	18	5	0	0	0	0
ENE	31	16	9	1	0	0
E	102	42	18	3	0	0
ESE	109	50	11	4	0	0
SE	22	7	0	0		

各风向各风速等级风能密度(kW·h/2)

各风向各风	3.0-25.0	4.0-25.0	5.0-25.0	6.0-25.0	7.0-25.0	8.0-
N	3.2	3.0	2.8	2.6	1.8	0.
NNE	0.1	0.1	0.0	0.0	0.0	0.
NE	0.6	0.2	0.0	0.0	0.0	0.
ENE	1.6	1.2	0.9	0.1	0.0	0.
E	4.7	3.1	1.8	0.4	0.0	0.
ESE	4.5	3.2	1.2	0.6	0.0	0.

风能参数日变化

时间(h)	21时	22时	23时	24时	01时	02时	03时	04时	05时	06时	07时	08时
平均风速(m/s)	6.0	5.9	5.9	5.9	5.9	5.7	5.7	5.7	5.6	5.6	5.5	5.
平均风功率密度(W/m2)	302.9	272.3	253.2	238.2	235.4	252.8	244.1	215.5	202.4	182.5	173.5	176
有效风功率密度(W/m2)	396.8	379.0	314.3	275.8	278.7	306.5	282.3	269.5	255.4	237.5	214.6	216

图 5.21　风能参数单层计算结果界面

　　在图 5.21"计算结果"窗口点击"风况图"，输出结果如图 5.22 所示。输出的风况图包括风向玫瑰图、风能玫瑰图、风速日变化曲线、各等级风速频率直方图。通过风况图可以更直观地看出风电场的风速、风向和风能的变化。在"风况图"窗口点击"返回"即回到"计算结果"窗口。在"计算结果"窗口点击"保存"，则计算结果以文本方式保存，保存路径为"Output_Path"，文件名为"风能计算测站_高度.txt"，例如"风能计算 HQD1_10.txt"，该计算结果文件以逗号分隔，内容与上述一致，可以用 Excel 软件打开，保存后系统返回到计算窗口。

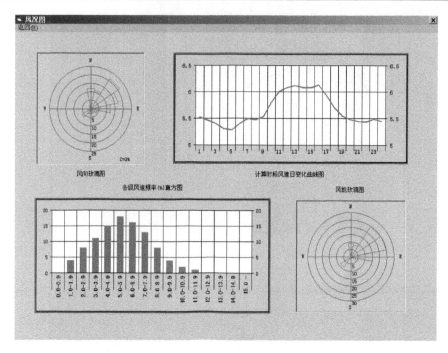

图 5.22　风况图界面

2. 风能参数多层计算

点击"参数计算"->"风能参数多层计算",如图 5.23 所示。选择进行计算的数据表,输

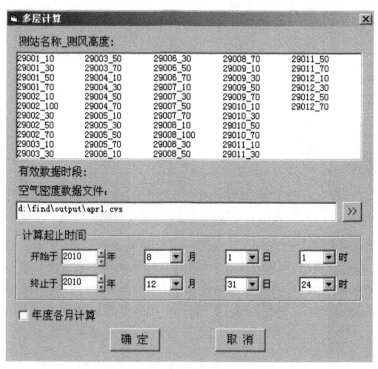

图 5.23　风能参数多层计算界面

入空气密度数据文件和起止时间即可进行计算,计算结果以文本方式保存,保存路径为"Out-put_Path"。空气密度数据文件(例子:aird1.csv)内容如下:

29001,10,0.858 (测站名,高度,空气密度)

29001,30,0.851

29001,50,0.844

29001,70,0.838

······

注意文件中的测站名、高度应与数据库中对应的数据表严格一致。该文件从 Excel 转出后需用文本编辑器查看一遍,注意文件末尾不能留有空行,每一行末尾不能有多余的逗号。若勾选"年度各月计算"复选框,则选中进行计算的数据表后,先输入起始计算第一个月的空气密度数据文件名(各月空气密度数据文件需置于同一文件夹下,文件名根据月份需命名为:aird1.csv、aird2.csv、······、aird11.csv、aird12.csv),然后只需设置计算起始时间的年、月,则起止时间会自动设置为该月的 1 日 1 时至该月终止日 24 时,点击"确定"进行计算,结果保存路径为"Output_Path\ResultYear\m??"(?? 为月份),下一个月的计算只需设置起始时间的年、月,则空气密度数据文件名和起止时间均会自动设置。

3. 湍流强度计算

操作步骤:

1)点击"参数计算"->"湍流强度计算",界面如图 5.24 所示。计算 NRG92、NOMAD2、ZFJ3 的数据只需输入数据文件名即可,计算 NRG99(Symphonie)的数据需要将其数据文件集中在一个文件夹中,不能有其他文件,然后输入第一个数据文件名。

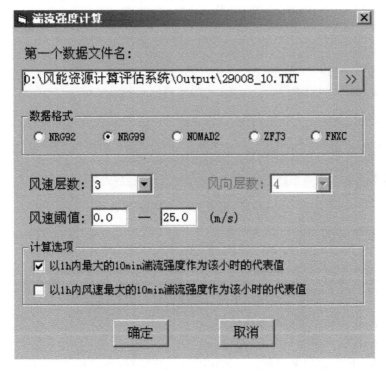

图 5.24 湍流强度计算界面

2)设定测风层数,最多为 8 层,选择计算选项:①以 1 h 内最大的 10 min 湍流强度作为该小时的代表值(根据 GB/T 18710—2002 的规定);②以 1 h 内风速最大的 10 min 湍流强度作为该小时的代表值(参照国际标准设计的此种计算方法,对风机选型更有指导性)。还可设定需要计算的风速阈值,点击"确定"进行计算。

计算结果包括各月和各时次平均湍流强度,结果如图 5.25 所示。计算结果保存路径为"Output_Path",其文件名为"测站名_TURB1. csv"(以 1 h 内最大的 10 min 湍流强度作为该小时的代表值)和"测站名_TURB2. csv"(以 1 h 内风速最大的 10 min 湍流强度作为该小时的代表值),例如数据文件为"HLD1. txt"(NRG92),则结果为"HLD1_TURB1. csv"和"HLD1_TURB2. csv",对 NRG99(Symphonie)的数据,测站名取其文件名左边 4 位,如某天的数据为"000120051019063. txt",则结果为"0001_TURB1. csv"和"0001_TURB2. csv"。

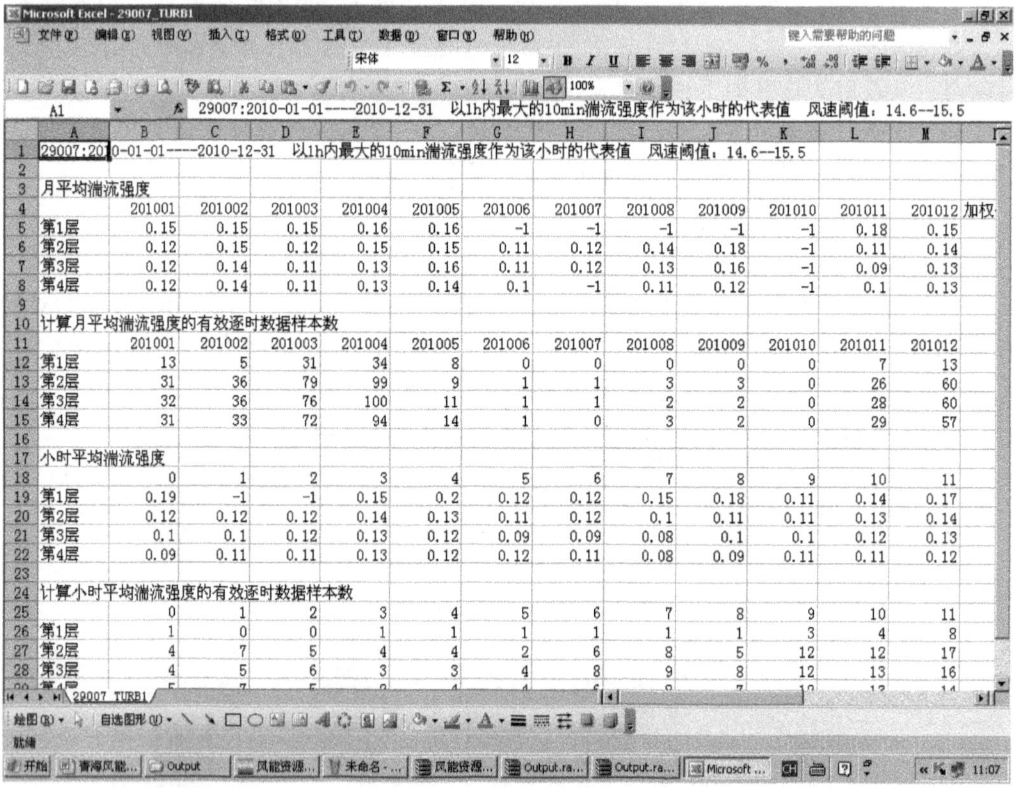

Microsoft Excel - 29007_TURB1

29007:2010-01-01----2010-12-31 以1h内最大的10min湍流强度作为该小时的代表值 风速阈值:14.6--15.5

月平均湍流强度

	201001	201002	201003	201004	201005	201006	201007	201008	201009	201010	201011	201012
第1层	0.15	0.15	0.15	0.16	0.16	-1	-1	-1	-1	-1	0.18	0.15
第2层	0.12	0.15	0.12	0.15	0.15	0.11	0.12	0.14	0.18	-1	0.11	0.14
第3层	0.12	0.14	0.11	0.13	0.16	0.11	0.12	0.13	0.16	-1	0.09	0.13
第4层	0.12	0.14	0.11	0.13	0.14	0.1	-1	0.11	0.12	-1	0.1	0.13

计算月平均湍流强度的有效逐时数据样本数

	201001	201002	201003	201004	201005	201006	201007	201008	201009	201010	201011	201012
第1层	13	5	31	34	8	0	0	0	0	0	7	13
第2层	31	36	79	99	9	1	1	3	3	0	26	60
第3层	32	36	76	100	11	1	1	2	2	0	28	60
第4层	31	33	72	94	14	1	0	3	2	0	29	57

小时平均湍流强度

	0	1	2	3	4	5	6	7	8	9	10	11
第1层	0.19	-1	-1	0.15	0.2	0.12	0.12	0.15	0.18	0.11	0.14	0.17
第2层	0.12	0.12	0.12	0.14	0.13	0.11	0.12	0.1	0.11	0.11	0.13	0.14
第3层	0.1	0.1	0.12	0.13	0.12	0.09	0.09	0.08	0.1	0.1	0.12	0.13
第4层	0.09	0.11	0.11	0.13	0.12	0.12	0.11	0.08	0.09	0.11	0.11	0.12

计算小时平均湍流强度的有效逐时数据样本数

	0	1	2	3	4	5	6	7	8	9	10	11
第1层	1	0	0	1	1	1	1	1	1	3	4	8
第2层	4	7	5	4	4	2	6	8	5	12	12	17
第3层	4	5	6	3	3	4	8	9	8	12	13	16

图 5.25 湍流强度计算结果界面

4. 风切变指数计算

操作步骤:

1)点击"参数计算"－＞"风切变指数计算",界面如图 5.26 所示,输入测站名和测风高度(至少两层)。

2)选择样本,设定最低层的风速阈值。

3)设定起止时间,点击"确定"进行计算。

根据风速随高度变化的幂指数公式和梯度风观测资料,通过最小二乘法计算得到风切变指数,结果显示在窗口中,若选择输出计算结果,则结果保存路径为"Output_Path",文件名为

"测站名风切变指数(日样本). csv(选择样本为日平均风速)"和"测站名风切变指数(小时样本). csv(选择样本为逐时风速)",例如"LF3 风切变指数(日样本). csv"和"LF3 风切变指数(小时样本). csv",可直接双击由 Execl 打开,如图 5.27 和图 5.28 所示。

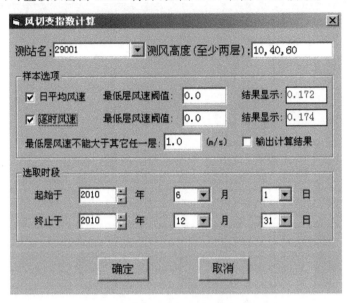

图 5.26　风切变指数计算界面

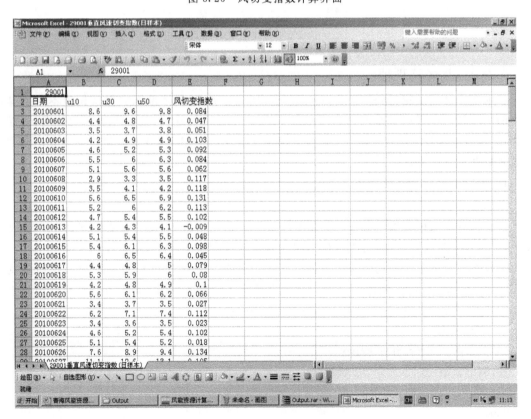

图 5.27　风切变指数计算结果(日样本)

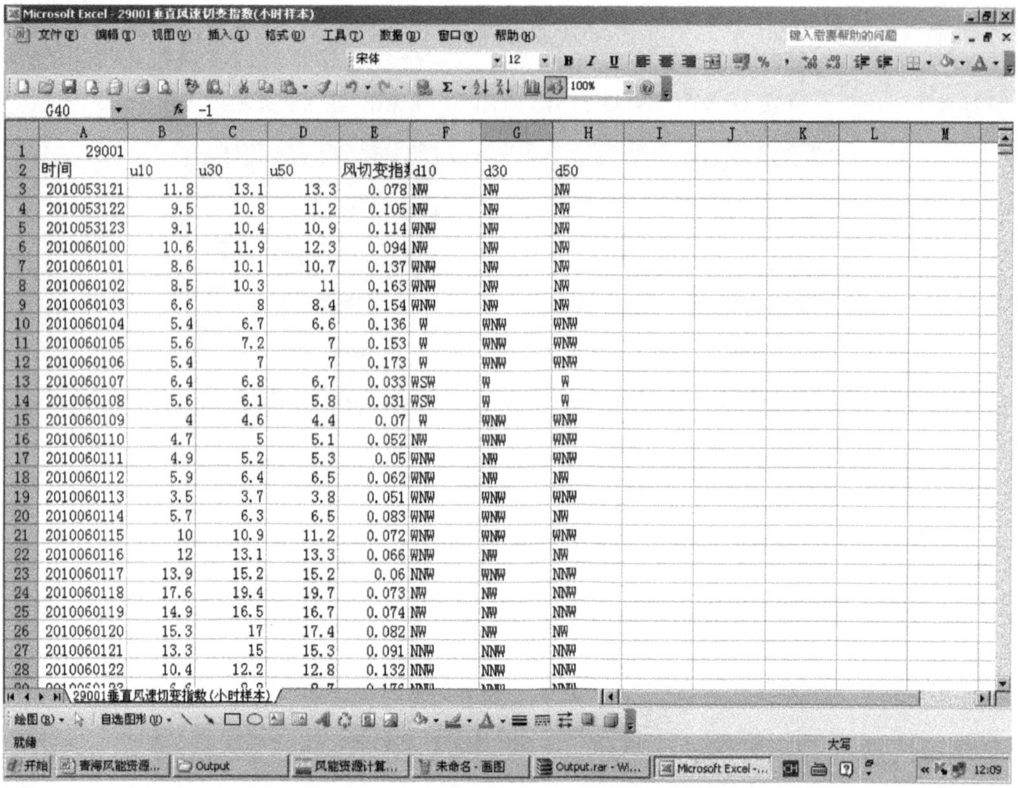

	A	B	C	D	E	F	G	H
1	29001							
2	时间	u10	u30	u50	风切变指数	d10	d30	d50
3	2010053121	11.8	13.1	13.3	0.078	NW	NW	NW
4	2010053122	9.5	10.8	11.2	0.105	NW	NW	NW
5	2010053123	9.1	10.4	10.9	0.114	WNW	NW	NW
6	2010060100	10.6	11.9	12.3	0.094	NW	NW	NW
7	2010060101	8.6	10.1	10.7	0.137	WNW	NW	NW
8	2010060102	8.5	10.3	11	0.163	WNW	NW	NW
9	2010060103	6.6	8	8.4	0.154	WNW	NW	NW
10	2010060104	5.4	6.7	6.6	0.136	W	WNW	WNW
11	2010060105	5.6	7.2	7	0.153	W	WNW	WNW
12	2010060106	5.4	7	7	0.173	W	WNW	WNW
13	2010060107	6.4	6.8	6.7	0.033	WSW	W	W
14	2010060108	5.6	6.1	5.8	0.031	WSW	W	W
15	2010060109	4	4.6	4.4	0.07	W	WNW	WNW
16	2010060110	4.7	5	5.1	0.052	NW	WNW	WNW
17	2010060111	4.9	5.2	5.3	0.05	WNW	NW	WNW
18	2010060112	5.9	6.4	6.5	0.062	WNW	NW	NW
19	2010060113	3.5	3.7	3.8	0.051	WNW	WNW	WNW
20	2010060114	5.7	6.3	6.5	0.083	WNW	WNW	NW
21	2010060115	10	10.9	11.2	0.072	WNW	WNW	WNW
22	2010060116	12	13.1	13.3	0.066	WNW	NW	NW
23	2010060117	13.9	15.2	15.2	0.06	NNW	WNW	NNW
24	2010060118	17.6	19.4	19.7	0.073	NW	NW	NNW
25	2010060119	14.9	16.5	16.7	0.074	NW	NW	NNW
26	2010060120	15.3	17	17.4	0.082	NW	NW	NW
27	2010060121	13.3	15	15.3	0.091	NNW	NNW	NNW
28	2010060122	10.4	12.2	12.8	0.132	NNW	NNW	NNW

图 5.28　风切变指数计算结果(小时样本)

5.2.3　长年代评估

参证气象站的选定:具有 20 年以上规范的测风记录;测风环境基本保持长年不变或具备完整的测风站搬迁对比观测记录;同期测风结果的相关性较好;与被考察地区的地理、气候特性相似。在满足以上条件的参证气象站中,逐个进行相关分析,选相关性最好的气象站作为风场观测数据订正的参证站。

1. 相似法风速长年代评估

操作步骤:

1)进行现场测风数据与参证气象站测风数据的相关分析。点击"长年代评估"－>"风速相关分析",如图 5.29 所示,可以选择不同的样本,设定不同的风速阈值。

2)根据气象站历年平均风速数据进行长年代评估。点击"长年代评估"－>"相似法风速长年代评估",如图 5.30 所示,输入参证气象站历年平均风速数据文件和参证气象站观测年度年平均风速,点击"确定"进行计算。参证气象站历年平均风速数据文件内容如下:

36　(总年数)

1975,6.1　(年份,年平均风速)

1976,6.8

……

2009,6.3

2010,6.3

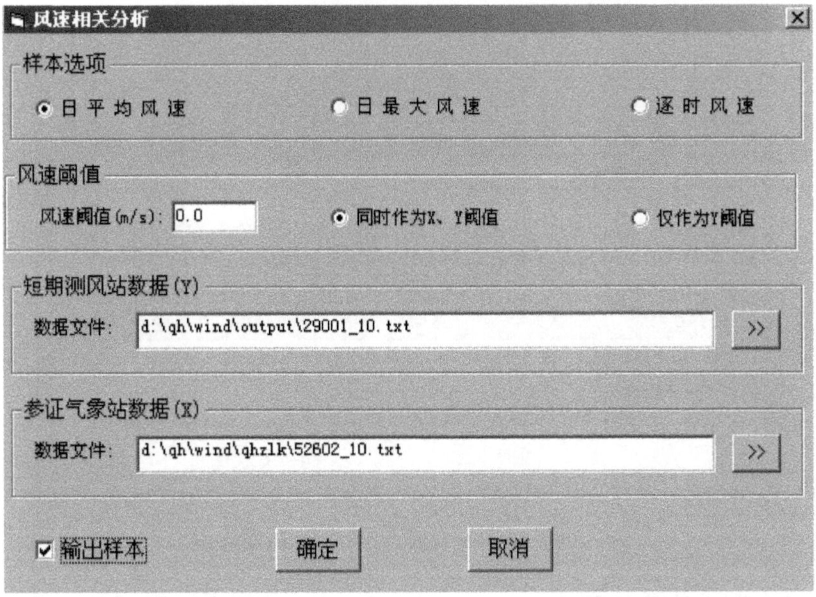

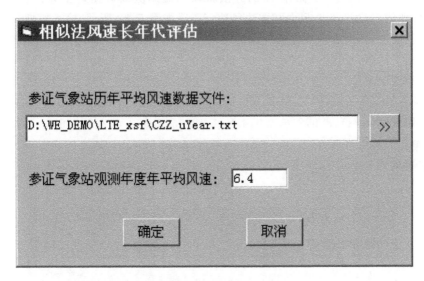

图 5.29　现场测风数据与参证气象站测风数据的相关分析界面

图 5.30　相似法风速长年代评估界面

　　这里应注意参证气象站年平均风速的一致性订正,因为从气象站的测风历史沿革可以看到其测风场址搬迁、测风仪器换型和测风仪距地面高度等的变化,所以应考虑对年平均风速进行一致性订正,在此基础上风速才具有可比性。计算结果如图 5.31 所示,风速年景分为大风年、较大风年、平年、较小风年和小风年,给出各风速年景的年平均风速指标值和相应的样本数,然后计算参证气象站观测年度年平均风速较各类年景的相对差值百分比。由于认为拟选风电场的风速与参证气象站风速的变化具有相似性,因此根据参证气象站观测年度年平均风速较各类年景的相对差值百分比,推算出拟选风电场各测风站各类年景的年平均风能参数。

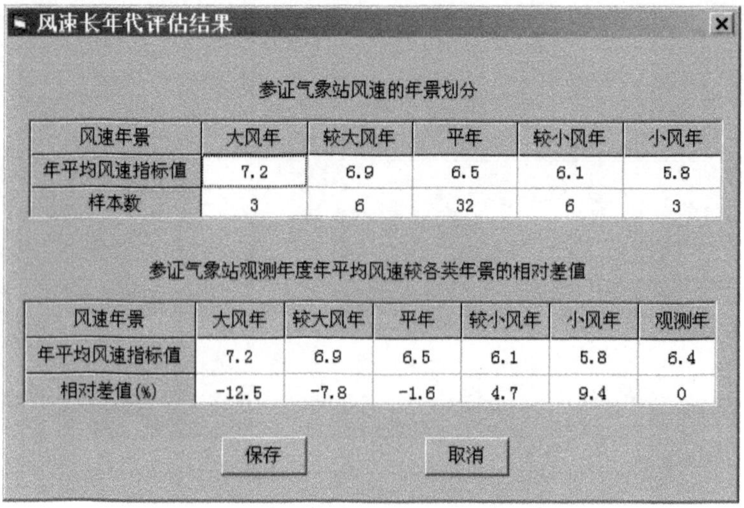

图 5.31 相似法风速长年代评估结果界面

2. 16 个风向相关法风速订正

根据 GB/T 18710—2002 附录 A 的方法将风场短期测风数据订正为代表年风况数据。点击"长年代评估"—>"16 个风向相关法风速订正",如图 5.32 所示,输入短期测站和长期测站的标准数据文件名,两者应有足够样本的相同时段测风数据,再输入长期测站各风向平均年和观测年数据文件名,点击"确定"进行 16 个风向的相关分析。长期测站各风向平均年和观测年数据内容举例如下:

风向,N,NNE,NE,ENE,E,ESE,SE,SSE,S,SSW,SW,WSW,W,WNW,NW,NNW

多年平均风速(m/s),8.8,7.6,5.0,4.9,4.8,3.6,3.0,2.6,2.8,3.6,3.4,3.8,3.8,2.7,2.4,2.6

观测年平均风速(m/s),9.5,6.1,4.6,5.5,4.9,3.1,2.9,2.4,3.0,4.0,4.2,4.5,4.6,2.7,1.7,2.7

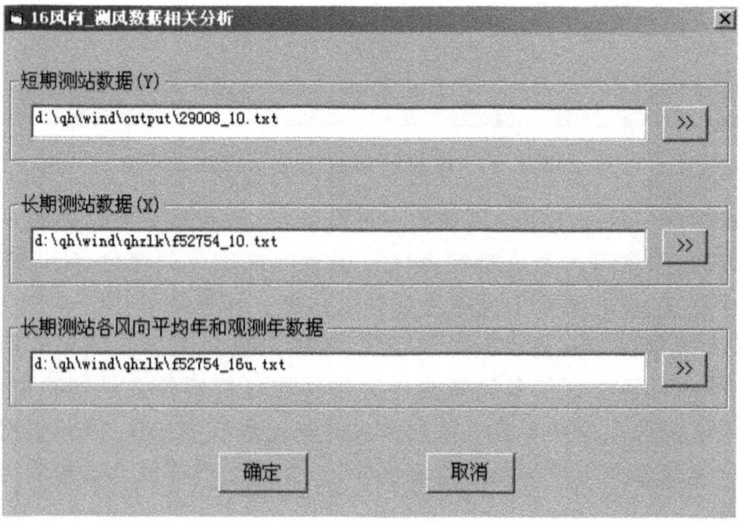

图 5.32 16 个风向测风数据相关分析界面

长期测站各风向多年平均风速的获取可通过两个途径:(1)利用长期测站多年(20~30年)的逐时数据入库进行计算,但要注意历年风速的一致性订正,如测站搬迁、测风高度变化等;(2)简化的办法是选择一个年平均风速最接近多年平均风速的年份作为代表年,将这一年的逐时数据入库进行计算。

分析结果如图 5.33 所示。点击"订正"得到订正后的标准格式数据,保存路径与短期测站数据文件一致,文件名会加上"LTA—"前缀,如"LTA-29001_60.txt",再重新入库进行计算即可。

■ 相关分析结果

风向	样本数	相关系数	回归表达式	t检验值	F检验值	均值比Y/X	Y平均年	Y观测年	Y平-Y观
N	129	0.689	Y=0.935X+2.223	10.71	114.64	1.282	10.4	11.1	-0.7
NNE	148	0.890	Y=1.665X-0.088	23.58	555.90	1.850	12.6	10.1	2.5
NE	174	0.926	Y=1.869X+0.808	32.11	1030.97	2.021	10.2	9.4	0.8
ENE	191	0.961	Y=1.758X+1.283	47.50	2255.84	1.978	9.9	11.0	-1.1
E	164	0.907	Y=1.815X+1.447	27.39	750.02	2.149	10.2	10.3	-0.1
ESE	104	0.830	Y=2.223X+0.001	15.01	225.30	2.223	8.0	6.9	1.1
SE	95	0.658	Y=1.476X+1.709	8.42	70.98	2.083	6.1	6.0	0.1
SSE	97	0.797	Y=1.758X+1.206	12.85	165.25	2.115	5.8	5.4	0.4
S	115	0.866	Y=1.993X+0.369	18.40	338.46	2.085	5.9	6.3	-0.4
SSW	125	0.644	Y=1.399X+2.778	9.34	87.29	2.160	7.8	8.4	-0.6
SW	138	0.682	Y=1.462X+3.320	10.86	118.03	2.301	8.3	9.5	-1.2
WSW	98	0.713	Y=1.186X+3.053	9.96	99.15	1.886	7.6	8.4	-0.8
W	39	0.740	Y=1.191X+1.216	6.69	44.73	1.576	5.7	6.7	-1.0
WNW	33	0.768	Y=0.884X+1.855	6.67	44.54	1.519	4.2	4.2	0.0
NW	67	0.842	Y=0.927X+2.237	12.58	158.23	1.216	4.5	3.8	0.7
NNW	125	0.947	Y=1.001X-0.465	32.80	1076.02	0.955	2.1	2.2	-0.1

订正　　　　　　保存　　　　　　取消

图 5.33　16 个风向测风数据相关分析结果界面

第6章　青海省太阳能、风能区划与开发利用对策

6.1　太阳能资源区划与开发利用对策

6.1.1　太阳能资源区划

1. 太阳能资源分区指标

以年太阳总辐射量作为一级（主导）区划指标，以日平均气温稳定通过 0℃（日最高气温达 10～15℃）的日数（利用佳期）作为二级区域指标进行分区，青海省共分成 11 个不同类型的太阳能资源区。青海省年太阳总辐射量分布见图 6.1。

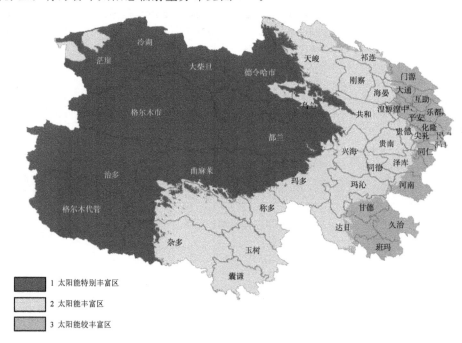

1　太阳能特别丰富区
2　太阳能丰富区
3　太阳能较丰富区

图 6.1　青海省年太阳总辐射量分布

表 6.1 为青海省太阳能资源一级指标（年太阳总辐射量）分区表，表 6.2 为青海省太阳能资源二级指标（日平均气温稳定通过 0℃ 的日数）分区表。

表 6.1　青海省太阳能资源一级指标(年太阳总辐射量)分区

区号	区名	年太阳总辐射量(MJ/m²)	地区
1	太阳能特别丰富区	＞6800	柴达木盆地,唐古拉山南部地区
2	太阳能丰富区	6200～6800	海南州(除同德),海北州(除门源),果洛州的玛多、玛沁,玉树州及唐古拉山北部地区
3	太阳能较丰富区	＜6200	海北的门源,东部农业区,黄南州,果洛州南部

表 6.2　青海省太阳能资源二级指标(日平均气温稳定通过 0℃的日数)分区

区号	区名	日平均气温稳定通过 0 ℃日数(d)	地　区
A	利用佳期长	＞220	柴达木盆地中部,西宁以东各县,玉树州的囊谦
B	利用佳期较长	180～220	海北州(除西北部),西宁以西,海南州、黄南州、柴达木盆地区,西部,果洛州东部和南部,玉树州南部
C	利用佳期较短	140～180	海北州西北部,果洛州西部,玉树州北部
D	利用佳期短	＜140	唐古拉山地区,玉树州的清水河

2. 青海省太阳能资源分区评述

1)资源特别丰富,利用佳期长(1A)

本区主要在柴达木盆地中部,年太阳总辐射量在 7000 MJ/m² 以上,利用佳期(一年中日平均气温稳定通过 0 ℃的日数,下同)在 220 d 以上,晴天(日照时数百分率≥80％,下同)日数 350 d 以上,最长连续阴天(日照时数百分率≤20％,下同)日数 4～5 d,年日照时数在 3000 h 以上,平均每天日照时数 7 h 以上,其中 4—8 月平均每天日照时数 8.62～9.73 h,年日照时数百分率 70％以上,可参见图 6.2。

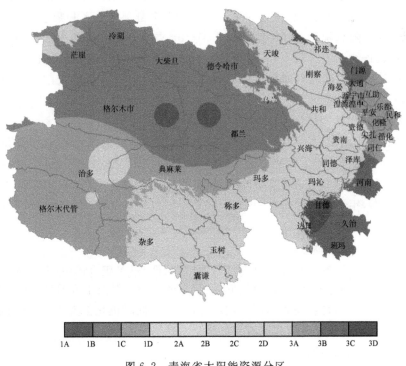

1A	1B	1C	1D	2A	2B	2C	2D	3A	3B	3C	3D

图 6.2　青海省太阳能资源分区

2）资源特别丰富，利用佳期较长（1B）

本区主要包括柴达木盆地的西北部及大柴旦至都兰县、乌兰县一带。年太阳总辐射量6827～7420 MJ/m² 之间，利用佳期192～219 d，晴天日数340 d以上，其中柴达木盆地西北部的茫崖、冷湖两地达359 d，最长连续阴天日数3～5 d，年日照时数3000 h以上，其中冷湖达3520.6 h，4—8月平均每天日照时数可达9.12～10.77 h，年日照时数百分率70％～80％。本区除利用佳期略短于（1A）区外，资源量同属特别丰富地区，具有广阔的开发利用前景。

3）资源特别丰富，利用佳期较短（1C）

本区主要在唐拉山地区南部。年太阳总辐射量6800 MJ/m² 以上，利用佳期137 d，是青海省太阳能利用佳期短的地区之一，晴天日数350 d以上，最长连续阴天日数2 d，年日照时数2800 h以上，除1、2月份平均每天日照时数在7 h以下外，其余月份平均每天均有7 h以上的日照时间，其中4—8月平均每天日照时数达8.22 h，年日照时数百分率为64％。本区尽管太阳能资源贮量特别丰富，但由于海拔高，气候寒冷，低温期长达228 d（日平均气温≤0 ℃期为低温期，下同），利用价值明显降低，在夏季利用最佳。

4）资源特丰，利用佳期短（1D）

本区主要分布在玉树州的治多地区和唐古拉山地区。年太阳辐射量6600 MJ/m² 以上，利用佳期约160 d。

5）资源丰富，利用佳期长（2A）

本区主要在玉树州南部的囊谦县，海南州的共和县、贵德县及贵南县部分地区。年太阳辐射量6600 MJ/m² 以上，利用佳期达225 d，晴天日数达340 d以上，具有很好的利用开发价值。

6）资源丰富，利用佳期较长（2B）

本区包括海北州的祁连县、青海湖地区、海南州的大部分地区、海西州的茶卡、黄南州的河南县部分地区、果洛州的玛沁县、玉树州的玉树县和杂多县部分地区和柴达木盆地的布尔汗布达山区。年平均太阳总辐射量6200～6800 MJ/m² 之间，利用佳期182～199 d，晴天日数331～345 d，最长连续阴天日数4～8 d，年日照时数2455～3100 h，大部分地区4—8月平均每天日照时数为7 h左右，年日照时数百分率60％～70％之间。本区的太阳总辐射量及利用佳期都仅次于（1A）和（1B）两区。

7）资源丰富，利用佳期较短（2C）区

本区包括祁连山西段、托勒山区、海西州的天峻县、玉树州的西北部、昆仑山脉南部和果洛州西部的玛多县等地区。年太阳辐射量6200～6800 MJ/m² 之间，利用佳期140～180 d之间，晴天日数325～341 d，最长连续阴天日数4～6 d，年日照时数2600～3000 h，4—8月平均每天日照时数7 h左右，年平均日照时数百分率60％～67％。本区年太阳辐射量多，利用佳期较短，但仍有较高的开发价值。

8）资源丰富，利用佳期短（2D）

本区范围很小，主要分布在青海省南部高原（清水河）以及唐古拉山（五道梁）海拔4400 m以上高寒地区。太阳辐射强，年总辐射量6400 MJ/m² 左右，但由于气温低、寒冷期长，可利用最佳期仅有110～130 d，是青海省利用佳期最短的地区，同时也是多大风天气的地区之一。太阳能开发利用的经济效益是青海省比较差的地区。

9）资源较丰富，利用佳期长（3A）

本区包括西宁以东的海东各县和黄南州的北部。年太阳总辐射量在6200 MJ/m² 以下，利用佳期除化隆 208 d(该站海拔 2835 m)外,其他地区均在 230 d 以上,最长的循化达 266 d,各地全年日照≤3 h 的天数均在 45 d 以上,民和达 63 d,年日照时数 2580~2760 h 之间,年日照时数百分率 58%~63%,连续最长阴天日数 6~10 d,4—8 月平均每天日照时数均在 7 h 以上,9—10 月在 7 h 以下,因而年太阳总辐射量低于 1、2 两区。

主要分布在黄河、湟水等各河谷之中,海拔低,气温高,气候较温暖,是青海省低温寒冷最短的地区,也是青海省全年风速最小的地区之一。虽然太阳能资源略低于青海省内其他地区,但从资源利用角度讲,是青海省利用佳期最长、经济效益和社会效益最好的地区,应该积极开发使用。

10)资源较丰富,利用佳期较长(3B)

本区包括海东地区的西宁以西各县、海北州的门源县、海南州的南部、黄南州的泽库县和果洛州南部地区。年太阳总辐射量 6200 MJ/m² 以下,利用佳期 180~220 d 之间,阴天日数 35 d 以上,最多的湟中达 68 d。本区除利用佳期少于(3A)区外,其他方面大致相同。因此,从能源利用角度讲,区内由于海拔高,寒冷期较长,实际利用期短,效益较低,但作为补充能源仍有较好的开发利用价值。值得注意的是,区内的果洛州南部两县,只代表该地区地形闭塞的山间盆地状况。

11)资源较丰富,利用佳期较短(3D)

本区主要在果洛州中部地区(达日县、甘德县、玛沁县的中心站)和海北祁连山区。年太阳总辐射量 6200 MJ/m² 以下,利用佳期 140~180 d 之间,阴天日数 36~47 d,最长连续阴天日数 6~7 d,年日照时数 2370~2700 h。本区资源和最佳利用期等条件均较差,开发利用价值略好于(2D)区。

6.1.2　太阳能资源开发利用对策

1. 太阳能并网发电建议

1)柴达木盆地是青海省太阳能特别丰富的地区。地势平坦,未利用土地面积 19.5 万 km²,是青海省未利用土地最大的地区,占青海省未利用土地面积的 79.6%。目前该地区电网已与青海省电网相接,电网已覆盖西至甘森、北至大柴旦、东到乌兰、南到沱沱河的区域。有 315 国道、215 国道、109 国道及青藏铁路从区内通过,交通便利。该区域具备大规模开发建设太阳能并网发电站的条件。

2)环青海湖地区是太阳能资源丰富的地区。未利用土地面积 1.21 万 km²,占青海省未利用土地面积的 4.9%,青海湖将该地区分割为南北两部分,北部为大面积的风沙堆积区、河漫滩、三角洲及河道堆积阶地,南部为沙堤阶地,布置建设太阳能电站的土地条件较好。青海省主电网已覆盖该地区各县。青藏铁路从青海湖北部通过,315、109 国道分别从青海湖的北、南面通过,交通条件较好。该区域有布置一定规模太阳能并网发电的条件。

3)青海省南部地区是太阳能资源丰富的地区。未利用土地面积 3.4 万 km²,占青海省未利用土地面积的 13.9%。地区西北部地势起伏较小,坡度平缓,滩地多,河流湖泊广布,东南部海拔略低,地势起伏大,坡度陡峻,河流迂回曲折,大范围的三江源自然保护区及河流、湖泊、草地将未利用土地分割,致开发太阳能发电的土地条件一般,大规模开发受到地形条件、自然保护区的限制。区内果洛州的玛沁县、甘德县、达日县和黄南州的泽库县、河南县,与青海省电网连接,果洛州的班玛县、久治县、玛多县及玉树州的六县电网均为独立电网。该区有宁果公路、214 国道和 109 国道等主干公路以及各县、部分乡间公路网,交通状况良好,水力资源较丰富。该区大电网覆盖面小,独立电网较多,又是三江源生态保护区,可结合其独立电网的特点,适宜布置小规模并网光伏发电站,以水、光互补发电满足本地电网电力需求。

4)东部河湟地区是太阳能资源较丰富地区。未利用土地面积 0.396 万 km²,占青海省未利用土地面积的 1.6%。区内山脉绵亘,沟壑纵横,黄河、湟水和大通河等河流流经其间,山大沟深,相对高差大。区内 109 国道、兰(州)西(宁)高速公路、平(安)阿(岱)高速公路、临平公路和兰青铁路等贯穿该区,交通较发达。该区电网覆盖面广,交通便利,但未利用土地面积小,可适当建设太阳能并网电站。

综上所述太阳能并网发电规划布局,应以柴达木盆地为重点开发区域,在环青海湖地区积极开发,青海省南部地区根据本地区需求适当开发,东部地区少量开发。

2. 太阳能离网光伏发电

太阳能离网光伏发电包括户用光伏发电系统和小型光伏电站,主要解决偏远地区居住分散、大电网无法延伸到,又无其他方式解决生产、生活用电地区的供电问题。

柴达木盆地大电网覆盖范围虽广,但因该地区地广人稀,区域面积大,对其部分较偏远且能源短缺的地区需要采用光伏发电来满足生活需要。

环青海湖地区大电网覆盖范围虽广,但存在供电范围内点多、面广、用电负荷偏小,大部分无电地区在山大沟深、交通不便、远离大电网的偏远山区,需采用光伏发电来解决。

青海省南部地区果洛州的班玛、久治、玛多三县以及玉树州的六县电网均为独立电网,独立电网内基本依靠当地小水电供电,由于气候等因素,夏季电力盈余,冬季严重缺电,且独立电网供电范围也受限制。该地区地处三江源保护区,生态环境较为脆弱,又无其他能源替代的情况下,在发展独立电网、电源建设的同时,对地处偏远、分散的居民点或住户,以离网光伏发电方式来解决用电需求是较为有效的途径。

东部河湟地区大电网已基本覆盖全区各县、乡、镇和行政村,仅对居住特别分散、偏远和交通不便的点或住户,以离网光伏发电来解决生活用电。

3. 太阳能热利用

太阳能热利用包括太阳能热水器、太阳灶、太阳能居室、太阳房小学、太阳房卫生所、太阳房活动室、日光温室和太阳能牲畜暖棚等。太阳能热水器适宜在最低气温较高、市政设施较为完善的市县推广使用,如柴达木盆地、环青海湖地区和东部河湟地区等。青海省南部地区气候寒冷、市政设施较差,应慎用。太阳灶在外界环境温度较高的农牧区使用效果较好,应大力推广使用。青海省南部大部分地区气温较低,使用效果不理想,要因地制宜。太阳房小学、太阳房卫生所、太阳房活动室和太阳能房住、日光温室和太阳能牲畜暖棚的使用,受制约的条件较少,可在青海省各地区广泛推广使用。

4. 太阳能光伏建筑一体化和太阳能路灯

太阳能光伏建筑一体化(BIPV)是将太阳能利用设施与建筑有机结合,利用太阳能发电组件替代建筑物的某一部分,为建筑物提供电力,从而实现建筑的节能和清洁能源的生产,其应用正在发展研究试点阶段,适合在较大城市开发利用。太阳能路灯可以节省大量能源,但太阳能路灯相对于普通路灯而言,初期投资较大,维护费用也比较高。因此,目前太阳能路灯适合在城市及农牧区小城镇推广应用。

6.2 风能资源区划与开发利用对策

6.2.1 风能资源区划

1. 风能资源区划标准

1)风能资源丰富区:距地 10 m 高度年平均风功率密度≥200 W/m²。

2)风能资源较丰富区:距地 10 m 高度年平均风功率密度 150～200 W/m²。

3)风能资源欠丰富区:距地 10 m 高度年平均风功率密度 100～150 W/m²。

4)风能资源一般区:距地 10 m 高度年平均风功率密度 50～100 W/m²。

5)风能资源贫乏区:距地 10 m 高度年平均风功率密度＜50 W/m²。

2. 青海省风能资源特征

青海省风能资源具有以下特征:

1)风向稳定,最多风向与最大风能方向一致性好

风能资源丰富的茫崖、青海省中部详查区主导风向为 NW 和 WNW,且高、低层最大风向频率方向大致相同,风能主方向与主导风向具有很好的一致性。从最大风速和主导风向的角度考虑,风能资源较好,有利于风机稳定运行。

2)有效风力持续时间长

在风能利用上,一般以 10 m 高度处 3～25 m/s 的风速作为有效风速,该标准基本适合于目前运行的风力发电机的工作范围。青海省各风能资源详查区测风点 70 m 高度 3～25 m/s 风速时数在 5400～7500 h,占年总小时数的 65%～85%,有效风力持续时间较长。

3)湍流强度小

青海省各风能资源详查区测风塔各月各高度全风速段和 15 m/s 风速的大气湍流强度看出,各高度全风速段测风塔的湍流强度为 0.18～0.33,而各高度风速 15 m/s 风速的湍流强度为 0.07～0.17,湍流强度属中等偏小。

4)破坏性风速出现几率小

青海省各风能资源详查区中 70 m 高度 50 年一遇 10 min 平均最大风速(茫崖)为 44.2 m/s,标准空气密度下 70 m 高度 50 年一遇 10 min 平均最大风速只有 37.4 m/s。

5)影响风机运行的气象灾害少

青海省各风能资源详查区影响风能利用的气象灾害主要有低温、沙尘暴、雷电和大风等。极端最低气温≤−30℃日数最多的是五道梁,其次为天峻和冷湖。大风日数最多的是五道梁,年平均出现大风 122 d,茫崖、天峻和冷湖年大风日数在 65～75 d 之间,而贵南和德令哈年平均大风日数不到 20 d。沙尘暴日数最多的是五道梁、茫崖和刚察,年平均在 11 d 左右,冷湖、德令哈和共和年平均不到 4 d。雷暴日数出现较多的是天峻、刚察、共和、五道梁和贵南,年平均出现日数 39 d 以上,而茫崖、冷湖、小灶火和诺木洪等地出现较少,年平均出现日数少于 5 d。总体来看,青海省低温、沙尘暴和大风日数在减少,雷电日数略有增加。

3. 青海省风能资源分区

根据以上青海省风资源特征和风功率密度长年代数值模拟结果,青海省风能资源分区如下:

1）风能资源丰富区

柴达木盆地西北部和中部、青海湖南部、唐古拉山区及海西州的哈拉湖周边地区 70 m 高度年平均风功率密度一般在 350 W/m² 以上。

2）风能资源较丰富区

青海湖东部和北部、柴达木盆地西南部和东北部、玉树州西部、果洛州北部和海南州的西部 70 m 高度年平均风功率密度一般在 200～350 W/m²。

3）风能资源贫乏区

包括日月山以东地区，含海东、西宁、海北州和海南州东部、果洛州和玉树州的西南部，该区 70 m 高度年平均风功率密度多在 150 W/m² 以下，风能资源基本无利用价值。

4）季节可利用区

青海省内其余地区风能资源一般，只能季节利用。

在充分考虑限制风能资源开发利用的自然地理和环境保护等因素后，70 m 高度年平均风功率密度≥200 W/m² 的风能资源技术开发量约为 7533 万 kW，技术开发面积 19480 km²，其中年平均风功率密度≥400 W/m² 的技术开发量约为 1112 万 kW，技术开发面积 3148 km²。青海湖以南及柴达木盆地东部技术开发量相对较大，装机密度系数达 4～5 MW/km²。另外，茫崖以北的阿尔金山一带也有装机密度系数为 2～3 MW/km² 的连片区域。

6.2.2　风能资源开发利用对策

1）青海省风能资源属于风能资源可利用区，风电场建设条件较好。70 m 高度的年平均风速在 4.9～7.7 m/s 之间，其中西北部大，东南部小，即柴达木盆地中、西部，青海省南部高原西部及祁连山地中、西段，年平均风速相对较大。青海省现阶段的风电发展范围主要包括海西州、海北州、海南州和黄南州 4 个州，海东地区的河湟谷地农田村庄较多，玉树州和果洛州因海拔较高，空气密度低，交通条件较差，不宜大规模开发。

2）青海省各风能资源详查区测风点 70 m 高度 50 年一遇最大风速均在 44.2 m/s 以下，风电场安全等级为 IECⅢ级别，各详查区湍流强度属中等偏小，建议抗湍流强度机型的选择可主要考虑 C 类风机。

3）青海省各规划风电场场址区的地势平坦开阔，工程地质条件好，交通运输方便，制约工程建设的不利因素较少，开发建设条件总体优越，适宜建设大型风电场。柴达木盆地东部诺木洪地区以及青海湖南部（茶卡至沙珠玉）风能资源丰富，为一级区，开发条件较好，风能技术开发量大，装机密度系数高达 4～5 MW/km² 的区域广阔，具备建设百万 kW 级风电场的基本条件，可优先开发。格尔木锡铁山和大格勒、海北州刚察县、海西州天峻县的快尔玛和大柴旦镇的花海子为二级区，具备建设 50 万 kW 级风电场基本条件。

4）茫崖风能资源详查区的茶冷口、中部风能资源详查区的德令哈和青海湖风能资源详查区的天峻县快尔玛风速的垂直切变指数高达 0.131～0.147，适当提高风机的高度有利于获得较好的风能资源，建议尽可能选择 80～100 m 高轮毂、长桨叶的机型。其他详查区各测风点风速的垂直切变指数相对较小，建议选择适宜轮毂高度的风机。

5）青海省各风能资源详查区地势平坦、开阔，大部分地区以偏西风为主，盛行风向明显，且与主风能方向一致，有利于风机排布（褚建，2006）。风机排布时，其在盛行风向上机组间距约为 9～10 倍的风轮直径，垂直于盛行风向上的机组间距为 4～5 倍的风轮直径，风机间尽量考虑"梅花形"排列,要最大限度地减少机组间尾流的影响。

6)青海省影响风能利用的气象灾害主要有低温、沙尘暴、雷电和大风等。青海湖北部、柴达木盆地西北部的茫崖、冷湖和五道梁地区,要适当考虑低温的影响,尽量使用抗低温的发电机组,柴达木盆地中西部地区要注意沙尘暴的影响,环青海湖地区和海南州是雷暴的高发区,要做好雷电的防护工作。

参考文献

褚建.2006.风力发电对青海生态环境的影响.青海环境,**16**(3):120-126.

李自应,王明,陈二永,等.1998.云南风能可开发地区风速的韦布尔分布参数及风能特征值研究.太阳能学报,**19**(3):248-253.

穆海振,徐家良,柯晓新,等.2006.高分辨率数值模式在风能资源评估中的应用初探.应用气象学报,**17**(2):152-159.

申彦波.2010.近20年卫星遥感资料在我国太阳能资源评估中的应用综述.气象,**36**(9):111-115.

时兴合,李林,汪青春,等.2005.环青海湖地区气候变化及其对湖泊水位的影响.气象科技,**33**(1):58-62.

谭冠日.1985.应用气象.上海:上海科学技术出版社.

王炳忠,张富国.1974.青藏高原及同纬度地区太阳辐射计算初步分析.青藏高原气象论文选编:173-184.

王玉玺.1993.甘肃风及风能资源的研究.兰州大学学报(自然科学版),**29**(2):142-144.

汪青春.2008.基于气象站资料的青海省风能资源评估分析.青海科技,**15**(4):30-36.

薛桁,朱瑞兆,杨振斌,等.2001.中国风能资源贮量估算.太阳能学报,**22**(2):167-170.

杨振斌,薛桁,袁春红,等.2001.用于风电场选址的风能资源评估软件.气象科技,**29**(3):54-57.

植石群,钱光明.2001.广东省沿海风能的分析及计算.气象,**27**(5):43-46.

朱瑞兆,薛桁.1981.风能的计算和我国风能的分布.气象,**7**(08):26-28.

祝昌汉.1982.再论总辐射的气候学计算方法(二).南京气象学院学报,**2**:196-206.